U0022409

# 武士與旅人

## ——續科學筆記

高涌泉　著

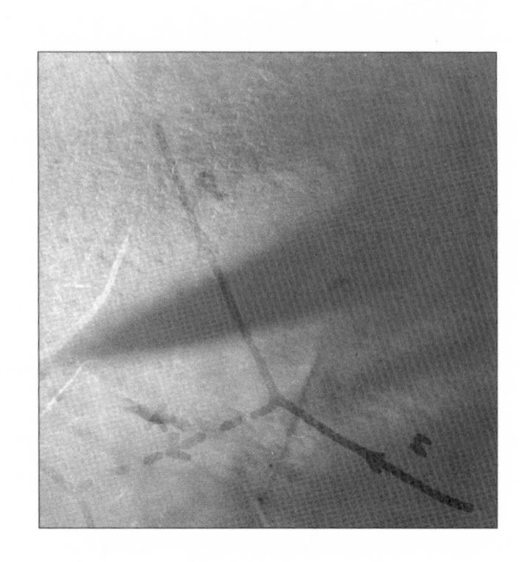

# 自　序

四年多前，我出版了《另一種鼓聲——科學筆記》一書，裡頭「記錄了一些我認為有意思的科學人物、事情以及自己的某些感想。」這幾年來，我持續半定期地在報紙副刊與雜誌上介紹一些與科學相關的故事。本書就是這些文章之中一部分的結集，就趣旨而論，可以說是前一書之延續。

科學與民主這兩個為現代文明所擁抱的東西皆源自西方，培育出它們的文化養分是我們極陌生的。所以儘管兩者引入臺灣都有段時間了，德、賽兩位先生仍舊稱不上是熟稔的好朋友。就以比較單純的科學來說，臺灣經過多年努力，大體上已經把西方現代科學體制移植進來—我們有了各種學會、期刊、補助科學研究經費的機構、以及初步的專業紀律。在獎懲的引導之下，這個體制也發揮了蓬勃的知識（論文）生產功能；一切似乎欣欣向榮。然而，我們多少還是感到只學了科學之形，還沒能掌握科學之神。

什麼是科學之神？其一是陳寅恪在王國維紀念碑所

呼籲的「獨立之精神、自由之思想」。其二是義無反顧地追求真理。這兩點我相信這也是民主制度的根基。然而，它們卻是傳統文化不重視之事。姑不論「獨立、自由、真理」的嚴肅意義，如果沒有這些東西，所謂智識上的趣味就出現不了。我希望本書中所講的故事、所介紹的人物，多少呈現了某些「獨立、自由、真理」的氣質，也因而為讀者帶來一點異文化的趣味。

高涌泉

2008/1/15

# 武士與旅人

## ——續科學筆記

## 目次

# 哥白尼革命

哲學家康德 (Immanuel Kant, 1724-1804) 在其名著《純粹理性批判》(*Critique of Pure Reason*) 第二版的序言中有一段話常為人引述:「我們因此應該循著哥白尼 (Nicolaus Copernicus, 1473-1543) 最初假設的方向前進。因為(當時)對於天體運動的解釋並沒有令人滿意的進展,而這些解釋乃奠基於天體環繞著觀察者這一假設之上,所以他(哥白尼)就(反過來)試著讓觀察者繞著轉,而星星靜止不動,這樣或許會有比較好的結果。」在這樣的認知之下,康德繼續說明:「有關對於客體的直覺這件事,或許我們在形上學中也可以嘗試一下類似的實驗:如果直覺一定要遵從客體的構造,我不了解我們怎麼能夠先

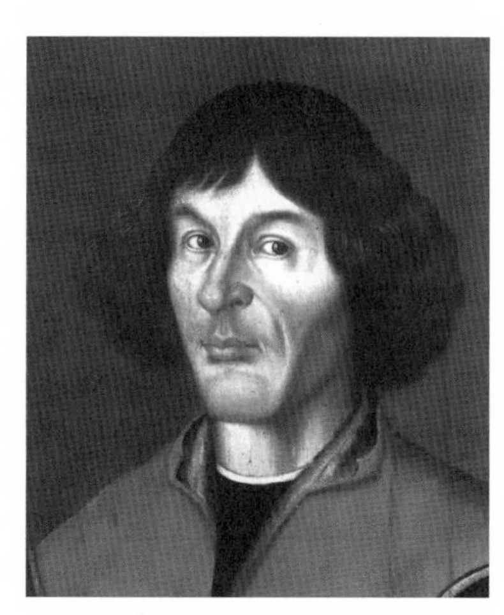

哥白尼 (©wikipedia)

驗地知道有關後者的任何事情，但是如果客體（如感官的客體）一定要遵從我們直覺能力的構造，這樣的可能性對我來說並沒有任何困難。」康德的意思是，與其說人的認知必須遵循經驗，不如說經驗應該遵循人類心靈的本質。後人就以「康德的哥白尼革命」來稱呼這種哲學觀點的翻轉。

哥白尼的「太陽中心說」的確是文明的一大革命，它不僅開啟了近代科學的大門、顛覆了宗教的訓誨、改變了人類對於自己在宇宙間地位的看法、也誘發了其他學門的進展（如前述的康德哲學）。對於這一場革命的來歷，一般人的了解大致上和康德類似，也就是說在哥白尼當時，托勒密 (C. Ptolemy, ～87–150 A.D.) 的「地球中心說」已經遇上了困難，無法圓滿地詮釋天體運動，所以哥白尼才決心以較簡單的「日心說」取代複雜的「地心說」，以便更精準地描述天體運行。

但是這種「常識性」的看法其實不能令人滿意：其一、名天文史家——如哈佛教授金格里奇 (Owen Gingerich, 1930– )——根據現代天文觀測數據回推 16 世紀時行星的位置，並與當時天文學家根據「地心說」與「日心說」所做的計算相比較，發現「日心說」的誤差和「地心說」相差無幾——哥白尼並沒有比較高明。其二、哥白尼和托勒密一樣也得在理論中放進許多本輪

（epicycle，或稱周轉圓），才能解釋數據，而且哥白尼的本輪數目和托勒密的相差無幾，甚至可能還增加（依據某種算法，這兩個數目的比是 40 比 48），所以很難說「日心說」必然比「地心說」來得簡單。

此外，哥白尼革命在科學上的真實意義似乎不容易說得清楚：今天任何人都知道運動是相對的概念——從地球的觀點看，太陽與行星在運動；反過來，從太陽的觀點看，在運動的是地球，所以這兩種說法只是不同的座標選擇而已。因此就數學的內涵而言，這兩個理論是等價的。既然兩者沒有什麼深刻的理念差異，那麼何來「革命」可言？或許「運動的相對性」在當年還不是人人熟知的概念，所以「換個座標看」還是很震撼人心的事？

「日心說」究竟好在什麼地方？為什麼它能說服高手如克普勒 (Johannes Kepler, 1571–1630) 與加利略 (Galileo Galilei, 1564–1642)？我從金格里奇的書《天之眼》(*The Eye of Heaven*) 與荷蘭物理學家凡康盆 (N. G. van Kampen, 1921–) 的文章中讀到如下的答案：在「地心說」中，行星繞著空間中的一個點做圓周運動（這個圓就是本輪），而這個點再繞著地球做另一圓周運動（此圓稱為均輪，或稱主圓）；所以從地球上看，行星在向前行進之時偶爾會調頭而行，然後再回頭繼續向前——這就是「逆行」(retrograde motion) 現象。如果沒有本輪這一概念，托勒密便無法解釋這奇特的逆行現象。在托勒密模型中，不同行星有不同的本輪，這些本輪的半徑與相位（亦即從行星指向本輪心這一個向量的大小與方向）全部是自由參數，得由觀測來決定。而觀測的結果是這些本輪的半徑與相位竟然都一樣！這件事實於「地心說」中是個巧合，無法解釋。

然而這項巧合——即五個行星的本輪都有相同的半徑與相位——在「太陽中心說」中卻是一項可以推導出來的結論，而且這共同的半徑與相位也正等於地球繞太陽的半徑與相位（例如從火星指向其本輪心的向量正等於從太陽指向地球的向量)。在托勒密時代，人們對於本輪半徑的大小還不十分清楚，所以不知道本輪有相同半徑這回事，而僅知道各個本輪有一樣的相位，但是他們卻看不出來為什麼會這樣。

一般教科書都會介紹哥白尼「日心說」的主要長處在於可以去掉本輪這個包袱，因為它只要藉由地球與行星環繞太陽的相對位置就能夠解釋行星的「逆行」現象，所以是比較簡單的模型。但是這樣的說法還沒有完全抓到重點，因為對於哥白尼來說，「日心說」最重要的意義就是「一切都恰到好處地兜在一起」——沒有不必要的巧合。哥白尼的《天球運行論》(*On the Revolutions of the*

*Heavenly Spheres*) 有段話可以表示這樣的意思:「我們有了這些東西(本輪等)就好像是把手、腳、頭和其他部分擺在一起,各別來看雖然很完美,但是卻和一整個身體沒有關係,因為它們不能搭配在一起,最後的結果只是怪物而已,不是人。」哥白尼認為只有日心說才能推導出最要緊的東西:「宇宙的結構與各個組成的真實對稱」。

近代科學的內涵充滿了「不自然又違逆直覺」的概念,最早的例子正是哥白尼學說——其「革命性」也在於此。依據「常理」,地球如果繞著太陽飛奔,地表的一切東西都會被甩掉,所以地球不可能在空間中移動。哥白尼當時其實也還沒本事回答這個質疑,一切要等到數十年後加利略弄清楚「慣性」(大致講,就是動者恆動、靜者恆靜的意思)的意義之後,方才有個合理的說法。哥白尼特殊之處就在於他對「日心說」模型的優點有強烈的信心,因此能把一時尚沒辦法釐清楚的問題留給未來——科學進展其實需要這樣的態度,否則一步也跨不出去。

從科學發展的角度看,「哥白尼模型」之所以能名垂千古,除了前述的內在優點,還有一個更關鍵的因素:克普勒依循「日心說」將太陽擺在宇宙的中心,才發現了他著名的三大定律——第一、行星以橢圓形軌道繞行太陽,太陽位於橢圓焦點處;第二、在相同的時間之內,行星與太陽的連線會掃過相同的面積（等面積定律）；第三、行星軌道週期的平方與半長軸的立方成正比。如果克普勒還是執著於正統的托勒密模型，絕對發現不了也是相當「不自然」的第一（橢圓軌道）定律，其他兩個定律當然也就別說了。克普勒的三大定律引出了結合「天上與地下」現象的牛頓萬有引力，進而開啟了另一場科學革命，改變了人類文明。

如果沒有克普勒、加利略與牛頓 (I. Newton, 1642-1727) 的發現，哥白尼的「日心說」即使遠遠強過「地心說」，應該還不至於擁有今日崇高的歷史地位。「觀點的改變」只有在引來不可思議的豐碩成果之後，才會被封上「革命性」的形容詞。哥白尼的「日心說」與愛因斯坦 (Albert Einstein, 1879-1955) 的「相對論」正是這類革命的典範。所以如要完整的評估科學理論的意義，所謂的「後見之明」必然要考慮在內。這種「從今天看過去」的輝格式 (Whiggish) 歷史觀常為一些科學史家所詬病，他們認為科學的發展和當時社會文化背景息息相關，不能從「後效」來評價科學發展。這樣的看法固然不錯，但是如果完全不觀後效，其實也常瞧不清全貌，甚至見小失大。

理論物理中有一條「金科玉律」：你可以選擇任何自己喜歡的變數（亦即自由度、觀點）來研究（計算）問題，但是如果你選錯了變數，就會後悔莫及。選擇「最佳變數」的確需要一些對於問題較深刻的洞見，這可以說是門藝術，沒有明確的規矩可循，一般只能靠多接觸高手的作品來磨練眼力。當然有時候高手的正確選擇也沒有什麼講得出的道理可言，只能推說是神來的靈感或是歪打正著。克普勒的老闆第谷 (Tycho Brahe, 1546–1601) 曾經想綜合托勒密模型與哥白尼模型，他的做法是讓五個行星先繞著太陽轉，太陽再繞著地球跑，而地球不動。克普勒並不欣賞這種做法，他在其《新天文學》(Astronomia Nova) 序言中說：「讓我們考慮太陽與地球：到底是誰繞誰轉？究竟是已經讓行星繞著它走的太陽也讓地球跟著它走，或是地球讓太陽繞著它走，儘管太陽已經是行星運動的中心，而且太陽還比地球大好幾倍？我們不應該被逼著承認太陽繞著地球走，那是荒謬的。我們應該承認太陽不動，地球在動」。克普勒得有不尋常的信仰與眼力，才能夠下何者是「荒謬的」這種判斷。

# 鄧恩與克普勒

鄧恩 (©Getty)

頭一次聽到詩人鄧恩 (John Donne, 1572-1631) 的名字是在一部艾瑪・湯普遜 (Emma Thompson, 1959- ) 主演的電影中。前些時無意間在電視上看到這部名為「心靈病房」的影片，印象極深，因為雖然場景單純且故事主題是沉重的「死亡」，但劇情流暢，湯普遜以及其他配角的演技出色，更重要的是對白非常精練，充滿機鋒，令人佩服編劇的功力。果不其然，我後來發現這部電影的劇本獲得 1999 年度的普立茲戲劇獎，劇本的英文名稱是“W; t”，無法直譯，如果把介於 W 與 t 之間的分號看成為英文字母 i，則就可以直譯為《機智》。

《機智》的主角是年近 50 的女文學教授，她的專長是 17 世紀英文詩——尤其是鄧恩艱深的詩。《機智》的作者小學老師愛德森 (Margaret Edson, 1961- ) 自稱這齣戲是「關於愛與知識」——一位飽學詩書為學生敬畏的教授發現自己得了癌症，然而一身過人的學問在此難關卻派不上用場，仍只能如學生般地從頭學起，經歷了無可避免的尷尬與折磨，最後體會到人情溫暖的意義。

鄧恩在戲中被稱為「形上詩人」(metaphysical poet)，從劇中主角的獨白可以知道鄧恩以過人的機敏才智面對人生重重的迷惑——「生、死、神」，帶領讀者進入繁複奧妙的形上世界，難怪其詩詞歷久彌新。這麼一位重量級詩人(有人還認為鄧恩是 16 世紀末，17 世紀初最偉大的詩人)，我之前對其一無所知，不知道算是屬於「大眾」或是「小眾」之一？總之，我後來得知名句如「沒有人是孤島」(No man is an island) 就出自鄧恩之手。

第二次碰到鄧恩是不記得在何處知道了他曾和德國天文大師克普勒見過面！我也方才注意到鄧恩比克普勒晚一年出生也晚一年過世，算是同壽，真是有意思。不過我一時之間並沒有看到對於這次兩人會面

克普勒 (©wikipedia)

因緣更仔細的描述，也沒想刻意花時間去了解一下。沒想到不久前翻到物理學家兼作家伯恩斯坦 (Jeremy Bernstein, 1929-) 2001 年出版的新著《僅是私事》(*The Merely Personal*)，裡面有一章正是在說明鄧恩與克普勒兩人的「世界線」之所以交會的來龍去脈。

兩人會面於 1619 年 10 月 23 日，地點是奧地利的林茲 (Linz)，克普勒當時在那裡擔任數學教師，鄧恩那時則是路過的英國使節團的隨團牧師。伯恩斯坦猜測兩人可能是用拉丁文交談，因為克普勒應該不懂英文，而鄧恩則應不懂德文。會面前，鄧恩已經知道克普勒其人與成就，因為鄧恩在其出版的 *Ignatius His Conclave* 一書中多次提及天文學家哥白尼、加利略，也寫到:「克普勒（他自己這麼承認）自第谷死後就接收了他的資料，天上發生的事情沒有克普勒不知道的。」但是反過來，克普勒就僅僅知道鄧恩是代表團成員之一，卻不知道鄧恩在文學上的成就。證據是克普勒事後寫信給友人（正是這封信讓我們得知兩人的確見過面）提及與「某個神學博士鄧恩」見面，並告訴鄧恩他已請人呈送自己的新著《和諧的宇宙》(*Harmony of the World*) 給英國詹姆斯國王，還希望代表團回英國以後能幫他注意一下這件事。從信中措辭可以推測克普勒並不全然明白鄧恩究竟何許人也。

然而克普勒其實看過鄧恩的 *Ignatius His Conclave* 一

書，證據是這樣子的：克普勒曾寫過一本科幻小說《夢》(*Somnium*)，裡頭敘述了一趟月球之旅。最初《夢》並沒有正式發表（此書於克普勒過世後才出版），但是手稿曾私下流傳。克普勒在 1621 年——兩人會面後兩年——增補了兩百多條附註，其中一條說 *Ignatius His Conclave* 的作者曾看過私下流傳的《夢》手稿，而且還在書的一開始就提了自己一下。只是克普勒並不知道此書作者就是鄧恩，因為當時鄧恩是以匿名發表。所以 17 世紀文學與科學兩方大師僅有的一次會面極為平凡，並沒有激盪出什麼驚人的火花。（追蹤此次會面的伯恩斯坦倒是不同意克普勒關於鄧恩看過《夢》手稿的推論——他認為鄧恩的書雖然也提過月球之旅，但是未必受到《夢》的啟發，而是獨立想像出來的。）

從這次會面事件我看到幾件有意思的事：其一，當代天文學是鄧恩文學作品的靈感來源之一。其二，克普勒對於文學作品不全然陌生——雖然他不一定在意其作者為何。其三，克普勒本人還創作過科幻小說！我得去買一本來瞧瞧。

# 師徒接力

高能理論物理這個領域和其他科學領域相比有個特殊之處，那就是高能理論學家喜歡在某一時期一窩蜂地集中研究某類問題，其他領域偶爾也有這個現象，但是沒有高能理論圈子這麼顯著。隨著這個現象而來的是高能理論社群在任何時刻，幾乎都可找出個帶頭的風雲人物——他們的文章就代表風尚，指引了當時真理的方向，年輕學子人人必讀。這些領袖在位的時間雖長短不同，每個人的天資與努力毫無疑問都過人一等，否則也服不了這麼多相當自命不凡的跟隨者。

自 1950 年代以來，這些引領一時風騷的人物依時間順序主要包括了許文格 (J. Schwinger, 1918-1994)、葛爾曼 (M. Gell-Mann, 1929- )、萬伯格 (S. Weinberg, 1933- )、特胡夫特 (G. 't Hooft, 1946- ) 與維頓 (E. Witten, 1951- ) 等人。在這些人物當中，只有特胡夫特不是美國人——他來自荷蘭這個雖有長久科學傳統但在當時不能算是世界科學中心的國家，所以他崛起的過程也稍帶灰姑娘式的傳奇色彩。

特胡夫特在 1971 年發表了兩篇論文，一篇解決了所謂的無質量「楊（振寧）—密爾斯」規範場論 (Yang-Mills gauge field theory) 的重整化問題，另一篇則是證明了楊—密爾斯場論配合上「自發失稱機制」(也稱為希格斯機制，Higgs mechanism) 就會得到可重整化的「帶質量向量介子」理論。(大致上說，所謂可重整化理論就是理論中不會出現惡劣不可處理的無窮大——所有出現的無窮大都可以合併到物理量裡。) 第二篇文章所描述的理論可以用於描述弱交互作用，是大家夢寐以求的聖杯。特胡夫特這個還沒有拿到博士學位的研究生居然解決了幾十年來公認的大難題，讓所有專家跌破眼鏡。當時哈佛知名高能理論教授格拉肖 (S. Glashow, 1932- ) 在聽到消息時就說：「這個人若不是個白癡，就是這幾年來物理學界所出現最厲害的天才。」

特胡夫特 (©AFP)

其實不僅是格拉肖摸不清楚狀況，連特胡夫特自己的指導教授維特曼 (M. Veltman, 1931- ) 一開始也是半信半疑——師徒兩人在 1970、1971 年交替之際曾有一段歷史性對話：

維:「我不管你怎樣做,總之一定要有一個理論,可以重整化,而且含有帶質量又帶電荷的向量粒子。如何可以和自然相符是以後的事。」

特:「我做得到。」

維:「什麼?」

特:「我做得到。」

維:「寫下來,我們瞧瞧。」

特胡夫特的指導教授——維特曼 (©wikipedia)

維特曼就把特胡夫特寫給他的理論輸入電腦中,親自驗證了所有不應該出現的無窮大的確都相抵消掉了!維特曼很早就費了相當大的功夫在楊一密爾斯規範場論上,所以這個結果正是維特曼自己一輩子追求的目標,他的興奮之情可想而知。原先維特曼並不想讓特胡夫特碰規範場論,因為他認為對於學生而言,這題目太難了,但特胡夫特堅持試一下,維特曼也只好同意。這種圓滿的結局並不多見,也令人羨慕。

事實上早在 1967、1968 年萬伯格與巴基斯坦物理學家沙拉姆 (A. Salam, 1926-1996) 就已經提議利用自發失稱機制與楊—密爾斯場論來統一弱交互作用與電磁交互作用，但是他們當時並不會證明這種理論的可重整化性，所以幾乎沒人把這個理論當一回事。直到特胡夫特的證明出現之後，萬伯格與沙拉姆的電弱理論才「從青蛙變成王子」(哈佛教授寇曼 (Sidney Coleman，1937–2007) 的評語)，成為熱門的理論。(格拉肖其實比萬、沙二人更早地在 1961 年提出用楊—密爾斯場論來統一弱與電磁交互作用，只是那時他還不知道用上自發失稱機制。) 萬沙的電弱理論後來為實驗證實，為此萬伯格、沙拉姆與格拉肖三人在 1979 年共獲諾貝爾物理獎。當時維特曼對於沒能分享諾貝爾榮耀極為失望，他認為真正重要的是弄清楚理論的結構，至於找出正確的模型只是時間的問題而已。還好諾貝爾獎委員會還是把 1999 年物理獎頒給了維特曼與特胡夫特，避免了遺珠之憾。

特胡夫特在他那驚人的兩篇處女作論文後，仍勇猛地陸續推出極有創意的文章。人們透過他這些文章才了解了楊—密爾斯規範場論極為豐富的內涵，尤其是其不凡的非微擾現象，例如夸克局限 (quark confinement)、瞬間子 (instanton)、磁單極 (magnetic monopole) 等等。他的每個點子幾乎都彈無虛發，都能神奇的揭露了規範場論的某些秘密。所以他除了解決了規範場論重整化難題的這分功勞之外，可以說還是 1970 年代高能理論的霸主，這樣子一號人物獲得諾貝爾獎似乎還說得過去。

但是心眼小一點的人難免會問：特胡夫特的指導教授維特曼是不是也值得拿獎呢？尤其是我們從師徒兩人的對話知道，重整化證明的關鍵點純粹是特胡夫特一人所想出來的，和維特曼沒有關係。當然兩人後來合作了數篇論文，比較完整地解說重整化理論與技巧，對於理論發展有正面影響，所以維特曼當然也有不可磨滅的貢獻。不過，這樣的貢獻夠大嗎？事實上，兩人在獲獎之前——根據媒體報導——已經是「漸行漸遠」，彼此交情變淡的原因和功勞的歸屬有關係嗎？

我的朋友范文祥介紹我一本他發現的好書——《坦白的科學四》(*Candid Science IV*)，裡頭有三十多位知名物理學家的訪問錄；因為問題尖銳，回答坦白，所以才有那樣的書名。(本書是一系列書的第四冊，前三冊是對於化學家與生化學家的訪問。)維特曼與特胡夫特都是書中的訪問對象，尤其是維特曼直話直說的態度讓我首次了解了他的心境，也了解了一點師徒間摩擦的緣由。

維特曼被問到他在研究規範場論時是否知道這項研究是諾貝爾級的研究？他的回答顯露了他的心情——他從頭講起：

當然，但是這裡頭有些教育因素我們必須理解，因為那很重要。當我在荷蘭長大的時候，我並沒有接觸過在粒子物理前線工作的人。即使我到 CERN（歐洲核子物理實驗室）去的時候也是這樣，CERN 是歐洲最好的地方，但是當時還是不能和美國相比。所有的大頭都是美國人：費曼 (R. P. Feynman, 1918–1988)、葛爾曼、李政道 (1926– )、楊振寧 (1922– )，他們都是美國人，沒有歐洲人。現在（歐洲）年輕的一代一開始都很清楚方向，但是我們當時不是這樣。……我後來去了 SLAC（美國史坦福加速器中心），從那時起我才慢慢開始成長，然後我回到 CERN，我在 1964 年不可能做出我在 1968 年的工作，因為我還要必須多受一些教育。我必須學習什麼是重要的，必須學習方向，否則你只是在做別人也在做的事，只是在研究已知理論的一小部分而已。你必須摸索適應才能有獨創性的思考，才能找到新方向，才能發現真正的問題。這是特胡夫特不必做的事，他當然永遠不會承認，因為他從來沒有經過這種學習。我想我大約在 1966 年才開始成熟。

維特曼又說：

如果人們來自沒有這種學習機會的地方，他們就沒有視野，……他們只會玩弄數學……對於物理來說，數學是重要的，但是基本的想法還是得來自其他的地方。

我終於知道了維特曼的確在抱怨特胡夫特沒有太尊重他開創研究方向的功勞：在當時，尋找「可重整化的理論其中含有帶質量又帶電荷的向量粒子」的確是很冷門的事，維特曼一人在荷蘭單獨守著這個問題，不能說沒有過人的眼光與堅持。維特曼在稍早的訪問中曾稱讚特胡夫特「數學上的天分極高」，甚至「對於標準模型的數學比我還強，這沒有疑問」，但是他真正的意思是這種數學天分如果沒有他在指引方向還是不會有出路。

特胡夫特的說法則是維特曼給了他好幾個可能的問題，但是他選擇了其中最有趣的向量粒子問題，那也是維特曼自己在做的題目，但「因為這個問題他已經研究了十年（而沒有結果），所以並不期待我會有什麼進展，但是如果我感興趣，我可以試一下。……我看到他的問題，我有新鮮的想法，我有點子怎麼解這問題。」

無論師徒二人之間有何微妙的情結，兩人的確是脣齒相依的，兩人的長處剛好配合在一起，才能攀上頂峰。維特曼如果沒有特胡夫特，的確不可能去斯德哥爾摩一趟；特胡夫特如果沒有維特曼的指點，固然不能說就一定不會解決重整化問題，但是正如維特曼所強調的，特胡夫特可能要摸索相當時間才會尋到正確的路——那時或許聖杯已被奪走了也不一定。我年輕的時候，特胡夫特是我的英雄，現在我只希望有維特曼的眼力與運氣。

特胡夫特曾來臺灣訪問兩次。有一回演講過後，臺大學生問他如何選擇問題，他就在黑板上從上到下畫一條線，然後說這條線代表我們目前知識的邊界，線的右邊是未知的範疇；要提出還不知道答案的問題很容易，但是這些問題可能離開那條線很遠，得到解答的機會不高。真正困難的是如何看出哪些問題離開那條線不遠，我們有機會破解它，而將線往右邊推進一些。

# 格羅森迪克

物理學家理查費曼的傳記《天才的軌跡》(*Genius*) 一書作者格雷克 (James Gleick, 1954– ) 從沒見過費曼本人。格雷克自述他之所以對於費曼感到興趣，起因於他在撰寫《混沌》(*Chaos*) 時接觸了很多物理學家，這些人常提到費曼，而且語氣充滿崇敬之意，顯示費曼對於這些內行人來說，才真是過人一等的高手。我也曾有過類似於格雷克的經驗——我與數學家朋友聊天時，每當他們提到格羅森迪克 (Alexander Grothendieck, 1928– ) 的名字，也是無限崇敬的神情，所以這顯然也是個值得一探究竟的人物。但誰是格羅森迪克?

格羅森迪克是代數幾何 (algebraic geometry) 大師，曾在 1966 年獲得數學界至高榮耀的費爾茲獎 (Fields Medal)。依據很多人的看法，格羅森迪克改變了數學的風貌，尤其是他把代數幾何帶上更為一般性，更抽象，也更壯觀的境地，他所引進的很多概念、語言、工具已經深深的嵌入在數學裡。他曾雄據數學中最艱深的代數幾何領域長達十餘年，影響了好幾代的數學家，這樣的人物一世紀不超過十個。

格羅森迪克的父親出身烏克蘭猶太家庭，是無政府主義者，20 世紀初曾參與推翻沙皇的革命；他的母親出身德國漢堡中產家庭，父母二人相遇於柏林——這也是格羅森迪克誕生之地。納粹崛起之後，他的父母從柏林逃到巴黎，將 5 歲的他託付給別人扶養。他後來回憶，那段突然與父母分離的時間很不好捱。後來反猶太人的浪潮越來越大，格羅森迪克還是透過管道被送到巴黎與父母重聚。大戰期間他的父親被法國當局送到奧許維茲集中營，死在那裡。格羅森迪克與母親也經歷了一些集中營的日子直到二次大戰結束。

戰爭結束後，格羅森迪克回到學校，很快地顯露他的數學天分。在沒有人指導的情況下，他居然能獨自建構出測度理論，於是他的老師推薦他到巴黎高等師範學院從學於名師卡當 (H. Cartan, 1904- )。他在卡當著名的討論會中結識了當時頂尖的數學家，如雪伐雷 (C. Chevalley, 1909-1984)、維爾 (A. Weil, 1906-1998)、許瓦茲 (L. Schwartz, 1915-2002) 等人。他從此如魚得水，盡情地發揮他的數學天分。不過他以一個外國人（事實上是無國籍）的身分，很難在法國找到永久教職，但如果入了法國籍，卻得去服兵役，這是他萬萬不願意的，所以只好到巴西與美國從事研究，擔任訪問教授。最後，格羅森迪克到了 1959 年才剛設立的「高等科學研究院」（IHES，位於巴黎南郊）擔任教授。這是私人創建的單位，所以容得下格羅森迪克。從那時到 1970 年的十二年間，格羅森迪克把 IHES 打造成引領風騷的代數幾何中心。他在那裡寫出了名著《代數幾何原理》。（初稿由他執筆，後由好友度東內 (J. Dieudonné, 1906–1992) 潤飾完成。）這本（套）書長達一千八百餘頁，非常難讀，但是內行人都知道真正的寶貝在這裡。

可是格羅森迪克在那意氣風發的十二年過後，忽然辭職退出數學圈，原因據說是他發現了 IHES 也受到軍方的資助。對於一位正值盛年的頂尖數學家來說，他這樣的作為可說是前所未見，也必然引發人們的好奇。格羅森迪克後來到較不知名的大學任教，1991 年後就隱居到不知名的地方去了。

他在 1986 年以法文發表了回憶錄《收穫與播種》(*Reapings and Sowings*)，私下送給圈內朋友，並沒有正式出版。近來網路上出現了回憶錄的部分非正式英文翻譯 (http://www.grothendieck-circle.org/)，也有人根據此回憶錄撰寫了一些介紹格羅森迪克傳奇的文章（例如：http://www.ams.org/notices/200409/fea-grothendieck-part1.pdf）。讀者可以看到格羅森迪克除了數學之外，對於寫作也相當用心，是一位有獨特風格的寫手。

《收穫與播種》裡頭多處談到數學的內涵，很值得年輕學子參考。例如格羅森迪克談到兩種數學風格：如果把證明數學定理比喻成敲開堅果，一種方法是用榔頭與鑿子直接攻堅；另一種方式是「把堅果浸在讓其軟化的液體中，何不就用水？然後不時地去搓它，或是將它浸在那裡。幾個月下來，殼就會變軟，當時間到了，稍微用手一壓就夠了。」格羅森迪克說這麼一來，「定理就溶解在某個大理論中，超越了原先想證明的結果」。他說這正是自己的方法。他的學生德林 (P. Deligne, 1944- ) 說格羅森迪克的證明常是一大串微不足道的小步所組成的，「看起來什麼事也沒做出來，但是最後卻出現了一個非常不簡單的定理。」

1988 年，瑞典皇家科學院把克拉弗獎 (Crafoord Prize) 頒給格羅森迪克與德林，沒想到格羅森迪克拒絕接受這個獎。他寫了信感謝皇家科學院，同時說明拒絕的理由：第一，他的教授薪水（甚至是即將開始的退休金）已經超過自己與家人物質生活所需。至於他工作的成就，時間才是最好的裁判，眼前的榮譽不是。第二，「克拉弗獎的所有對象已經有了足夠的物質報酬與科學聲望，以及隨附而來的權力與優惠，而這些過額的獎勵不也是對於其他人的剝奪嗎?」第三，雖然他「對於科學的熱情沒有改變，但越來越遠離學術圈子；而學術圈的倫理日益走下坡，以致學術剽竊越來越平常」。如果他「參與了給獎的遊戲」，就代表他認可了科學世界這種不健康的走向。格羅森迪克強調第三點理由是最重要的理由。

# 一心一意

2002 年 11 月 11 日，俄羅斯數學家裴瑞爾曼 (Grigori Perelman, 1966- ) 在網路上公布了一篇論文，題目是讓外行人瞧不出什麼名堂的〈瑞奇流的熵公式與其在幾何上的應用〉(The Entropy Formula for the Ricci Flow and Its Geometric Applications)。當時裴瑞爾曼在聖彼得斯堡 (St. Petersburg) 的史特可洛夫 (Steklov) 數學研究所工作，還未滿 40 歲，專長是微分幾何，功力甚受敬重。裴瑞爾曼這篇論文馬上在圈內引起了一些騷動，因為他似乎在宣稱已經能夠證明百年數學難題「彭卡瑞猜測」(Poincaré Conjecture)。因此朋友就寫了封電子信請他確認是否如此，他馬上以一句話回答：「沒錯」(That's correct)。他在 2003 年 3 月與 7 月又公布了兩篇後續論文——裴瑞

裴瑞爾曼 (©AP Photo)

爾曼就此掀起了自十年前普林斯頓大學數學教授外爾斯(A. Wiles, 1953- )證明了「費馬最後定理」以來最廣受數學界矚目的一波漣漪。

「彭卡瑞猜測」是法國數學大師彭卡瑞 (H. Poincaré, 1854-1912) 在 1904 年提出來的。它大致上的意思是:「每一個沒有洞的封閉三維物體(流形, manifold),就拓樸學的觀點而言,都等價於三維的球。」所謂兩個物體在拓樸學上等價的意思是:在不把它們撕裂、扯斷或黏起來的條件下,我們能將其中一個物體「拉」成和另一物體一樣。譬如說,(有一個把手的)咖啡杯、救生圈、甜甜圈三者從拓樸學上看都是一樣的東西。拓樸學家早已弄清楚了所有二維的物體的拓樸性質。如想要了解更為抽象的三維物體,必得通過「彭卡瑞猜測」這一關——如果它是對的,得把它證明出來;如果錯了,要找出反例。

很奇怪地,如果將「彭卡瑞猜測」推廣至更高維(四維以上),問題反而變簡單——數學家已能證明高維的「彭卡瑞猜測」。(這些證明還是夠難,所以解決高維「彭卡瑞猜測」的數學家都拿到了數學最高榮譽——費爾茲獎。)三維的情形卻是非常地難纏,錯誤的嘗試比比皆是。錯誤的證明越多,「彭卡瑞猜測」的身價就越高。美國私立的克雷 (Clay) 數學研究所在幾年前公開懸賞七個數學問題的解答,「彭卡瑞猜測」就是其中一個問題。每一個解答價值美金一百萬。

裴瑞爾曼 2003 年 4 月曾到美國麻省理工學院 (MIT) 與紐約州立大學石溪分校演講他的結果。依據在場的專家說，裴瑞爾曼能夠回應每個質疑，顯然已經深思過可能出現的問題，所以要找出論文中的毛病並不容易。在攀登「彭卡瑞猜測」這個頂峰的路上，裴瑞爾曼已經比其他人走得更遠。他的證明思路所依賴的核心技術是三維流形上的「瑞奇流」(Ricci flow)（瑞奇 (Gregorio Ricci-Curbastro, 1853–1925) 是 20 世紀初義大利數學家；基本上這是探討流形上的曲率 (curvature) 某種特定變化的方式)。目前大家的看法是裴瑞爾曼第一篇文章大約是對的，只是還欠缺了一些細節。雖然文章很複雜，牽涉到的觀念、技巧很多，需要一些時間消化，但專家應快要可以判定裴瑞爾曼究竟成功了沒有。如果他真的證明了「彭卡瑞猜測」，他與提出「瑞奇流」的哥倫比亞大學數學教授漢密爾頓 (Richard Hamilton, 1943– ) 應該可以共享克雷數學研究所的一百萬獎金。

認得裴瑞爾曼的人說他非常聰明，曾在美國學藝好幾年，後來還是選擇回俄羅斯。他在 2002 年公布論文之前，已好幾年沒有在期刊發表任何論文，只是沉默地埋頭工作。出了名以後，他仍然拒絕媒體的訪問，也不回答任何與數學問題不相干的電子信件。裴瑞爾曼的低調和外爾斯頗有呼應之處。十年前，外爾斯在證明數論三百五十年未解大難題「費馬最後定理」之前幾年，也是默默埋頭苦幹，沒有發表什麼文章。裴瑞爾曼與外爾斯兩人都能耐得住寂寞與壓力，以最高的學術熱誠全神貫注在一個問題上，這種自信與修養算是少見。在這個年頭，學術研究已不是一個人關起門來可以做的事：裴瑞爾曼與外爾斯雖然沒有討論的對象，他們仍然得透過期刊或網路了解別人最新的成果；不過兩人全力以赴，在所不計的作為，還是彰顯了一種真誠的學術精神。

裴瑞爾曼在第一篇論文的首頁加註了一段謝辭:「我的部分經濟來源是我在 1992 年秋天訪問（紐約）庫朗數學研究所 (Courant Institute) 與 1993 年春天訪問紐約州立大學石溪分校以及 1993 至 1995 年在加州大學柏克萊分校擔任米勒研究員 (Miller Fellow) 時所存下來的錢。我感謝每一位促成讓我有這些機會的人。」

**2007 年補記**

2006 年 8 月，第 25 屆國際數學家大會在西班牙召開。這種大會每四年舉行一次，會中主要節目之一就是頒發費爾茲獎。這個獎公認是數學界聲望最高的獎項，等於是數學界的諾貝爾獎，得獎者的年齡依慣例都在 40 歲以下。裴瑞爾曼是 2006 年四位得獎者之一，他得獎的理由依大會公布是「在幾何學上的貢獻，以及對於瑞奇流的分析與幾何結構的革命性見解。」這個理由雖然沒有直接點出裴瑞爾曼證明了「彭卡瑞猜測」，但是大家都相信裴瑞爾曼的證明必然已經通過了嚴格的檢驗，被大會認可為是正確的證明，才能獲得費爾茲獎。

根據報導，當國際數學聯盟主席玻爾 (John Ball, 1948- ) 教授在會中宣布了裴瑞爾曼的名字，但還沒有宣讀其得獎事蹟之際，全場就已響起如雷掌聲。玻爾在掌聲停歇之後，說明了得獎理由，接著說出了令人震驚的話：「我很遺憾裴瑞爾曼已經拒絕接受這個獎。」在此之前，從沒有數學家拒絕過費爾茲獎，裴瑞爾曼為什麼要這麼做？

玻爾在會後的記者會說明他特地在 6 月飛到聖彼得斯堡去找裴瑞爾曼，想說服他接受費爾茲獎，但是他客氣而堅定地拒絕了。裴瑞爾曼的理由是他自己的價值觀與數學社群主流價值不同，他在數學社群裡是孤立的，所以不想領這個獎，以免成為數學社群的代表人物！這個理由似乎和多年前格羅森迪克拒絕接受克拉弗獎的理由（「如果他『參與了給獎的遊戲』，就代表他認可了科學世界這種不健康的走向」，見〈格羅森迪克〉一文）相似：他們都對於學術界追求名利的價值觀感到不以為然。

《紐約客》(*New Yorker*) 雜誌在 2006 年 8 月底刊登了

一篇長文〈多重命運〉(Manifold Destiny，這個題目有雙關語的味道，因為 manifold 同時也正好是數學名詞——流形)，介紹「彭卡瑞猜測」、裴瑞爾曼與他拒絕費爾茲獎的故事；此文執筆者之一是名記者娜薩 (Sylvia Nasar, 1947-)，她也是傳奇數學家納許 (John Nash, 1928- ) 的傳記《美麗境界》(*A Beautiful Mind*) 的作者。文中說明了由於裴瑞爾曼公布於網路上的文章沒有把所有細節寫清楚，引得一些數學家宣稱他們才是真正完整證明了「彭卡瑞猜測」的人，讓數學界一片譁然。裴瑞爾曼對於這種狀況的反應是：「我不能說我很生氣，其他人更糟。當然，還有很多數學家大致上是誠實的，……但是他們容忍那些不誠實的人。」這篇文章最後引用大數學家葛若莫夫 (M. Gromov, 1943- ) 對於裴瑞爾曼的評語：「理想的科學家只從事科學，其他什麼都不在乎。裴瑞爾曼想要實踐這種理想。我不認為他已經進入那個理想的境界，但是他想要。」

# 歐本海默

1942 年 9 月，美國陸軍上校葛羅伕斯 (L. R. Groves, 1896–1970) 受命接掌曼哈坦計畫 (Manhattan Project)，此計畫的目標是儘快造出原子彈。葛羅伕斯原先對於這項命令有些不高興，因為他才剛監督完成五角大廈的建築，很期盼接下來能調派海外，不用再為國內幾十億的軍事工程傷腦筋。但是上司對他說這個新任務很重要，如果成功，二次大戰就贏了；同時也告訴他要升他為准將，一方面是為了這個新任務，另一方面也為了補償他。在沒有選擇的情況下，葛羅伕斯很快地就進入狀況：他立即認定曼哈坦計畫必須成立專責實驗室（後來設立於新墨西哥州的洛斯阿拉摩斯），並且在一個月內就做出了整個計畫最關鍵的決定——聘任歐本海默 (J. R. Oppenheimer, 1904–1967) 為實驗室主任。依據名物理學家拉比 (I. I. Rabi, 1898–1988) 的看法，「雖然葛羅伕斯不以天才著稱，這項決定卻是天才之作。」不過拉比承認自己最初「也被這項最不可能的任命嚇了一跳」。

歐本海默的確是大黑馬，因為(一)他是理論物理學家，以這個身分來帶領以實驗與工程為主的機構有些奇怪。㈡雖然他當時在理論物理上的成就頗為可觀，普遍獲得敬重，可算是美國第一人，但是他並沒有得過諾貝爾獎，學術聲望比起費米 (E. Fermi, 1901–1954)、羅倫斯 (E. Lawrence, 1901–1958)、康普頓 (A. H. Compton, 1892–1962) 等還差一截，當起主任恐怕壓不住陣腳。㈢他的太太、前女友、弟弟等人和共產黨有深淺不一的關係，讓情報單位一直不信任他。這些「負面」因素讓葛羅伏斯承受了不少批評，不過他還是不改初衷，力挺歐本海默到底。

「識人之明」是很神秘的藝術——我們可能永遠不會知道葛羅伏斯為什麼對歐本海默如此有信心。不過戰後葛羅伏斯接受訪問時說：「他是一位天才，真的天才。羅倫斯雖然非常聰明，但不是天才，只是很努力而已。而歐本海默什麼都知道，無論你提起什麼，他都可以跟你談。喔，不全然這樣，我猜有些事情他不知道，對於運動他什麼也不懂。」歐本海默自己則認為他入選的原因是其他合格的人都已有重要的任務，而且這個造彈計畫的名聲並不好。總之曼哈坦計畫結束後，葛羅伏斯可以傲然地說：「但是我堅持要歐本海默，他的成功證明我是對的，沒有其他人挑得起這個任務。」

歐本海默出身於紐約富裕的德裔猶太家庭。他在 1925 年從哈佛大學畢業，接著到英國劍橋大學留學。原

先他想跟拉塞福 (E. Rutherford, 1871–1937) 從事實驗物理研究，沒想到一來拉塞福不願收他為學生，二來他被剛出現的量子力學吸引，因而就改攻理論物理。1926 年，他轉到德國哥廷根大學，跟隨量子大師波恩 (M. Born, 1882–1970)，馬上做出了一些出色的結果。波恩覺得他既聰明又自負。1927 年，歐本海默以量子力學論文獲得哥廷根博士學位。1928 年，他 24 歲，艾倫費斯特 (P. Ehrenfest, 1880–1933) 介紹他到瑞士蘇黎世跟從大師包利 (W. Pauli, 1900–1958)。艾倫費斯特給包利的信是這麼寫的：「他永遠有巧妙的點子……我相信他的科學天分如果要能充分發揮，必須有人好好磨練他一下。」包利後來回信說歐本海默的優點是：很多好點子，很能別出心裁；缺點是：不夠徹底，不能堅持，問題常只做了一半。包利希望只要循循善誘，他就會改進。這個期待沒有落空——歐本海默很快地就在嶄新的量子電動力學中有獨特的貢獻，他的工作讓海森堡 (W. Heisenberg, 1901–1976) 也刮目相看。

歐本海默 (©AFP)

1929 年夏天，歐本海默回到美國，開始教學生涯。他接受了加州柏克萊大學以及加州理工學院的聘任，每年在兩地各開一學期的課。他這麼做的理由是柏克萊是理論物理的沙漠，他可以做點事情；但是他又不想脫離物理圈子太遠，所以保留了與加州理工學院的關係。他從歐洲帶回來了最新的量子場論，吸引了一批仰慕的年輕人。這些學生就像候鳥般的追隨他來回於柏克萊與加州理工學院之間。歐本海默師徒的研究範圍很廣，從天文、宇宙射線、原子核、量子電動力學到基本粒子都包括在內。在經濟蕭條的當時，師徒就埋首於物理之中。他的學生與博士後研究員後來成就都不錯，很多為他網羅進曼哈坦團隊，成了計畫的中堅分子，不少成了美國物理的領導人物，甚至有人拿了諾貝爾物理獎。

一位朋友曾這麼形容 30 年代的歐本海默：「個子高高的，有點神經質，十分專注……他的頭永遠稍微偏一邊……鼻子堅挺，深藍的眼睛有奇怪的深度與張力，但是又表現出一種令人放心的坦誠……他就像年輕的愛因斯坦，也像是個子過大的唱詩班男孩……」他的一些特殊舉止在有意無意間被學生模仿了起來。歐本海默在派對中很受歡迎，因為他不費吹灰之力就能了解每個人的心思，女人都很喜歡他。

# 少年愛因斯坦

愛因斯坦在他那篇「像是我自己訃聞」的〈自傳筆記〉(Autobiographical Notes) 中一開始就提到他走入科學研究的動機，顯然他認為弄清楚推動他的力量對於了解他的思維而言是重要的事。他說當他年紀還輕但已相當早熟的時候，就已深刻地體認到「不停地在追逐多數人一輩子的希望與奮鬥是虛無的」。而且他又很快地「發現這種追逐是很殘酷的」，但是每個人為了肚皮卻無法不參與這種競逐。「再者，儘管加入競逐可以滿足肚皮，卻不能滿足一個會思考、有感覺的人」。愛因斯坦說對於這樣的人而言，第一個出路就是宗教。在他小的時候「傳統教育機器」把宗教灌輸到每個小孩身上，所以儘管他的猶太雙親完全沒有宗教信仰，他自己還是有了很深刻的宗教信念。

不過愛因斯坦在 12 歲的時候，這種宗教信念卻突然中斷，原因是他那時閱讀了一些科普書籍，因而深信「《聖經》中的很多故事不可能是真的」。他的思想因此徹底解放，同時也有了國家透過謊言來刻意欺騙年輕人的印象。

對於年輕的愛因斯坦來說，這是個心碎的經驗。從此他再也不輕易地相信「各式權威」，而他一輩子也因為這樣而對於「任何特定社會環境中的信念」都抱著「懷疑的態度」。

愛因斯坦說他很清楚年輕時的宗教樂園——雖然他後來離開了這個樂園——是讓他脫離「僅僅和個人有關的事務 (merely-personal)」這個枷鎖、脫離這種受控於「願望、希望、原始感覺的生存狀況」的第一步。他說「在遠處有個廣大的世界，它獨立於我們人類地存在著——像是個巨大的、永恆的謎佇立於我們面前；而我們透過查驗與思考起碼可以了解這個世界的一部分。對於這個世界的思索就像一種解放，向我招手，而且我很快就注意到我所欽佩的很多人都因奉獻於這種思索而尋得內在的自由與心安。」

他接著說在已知的可能框架內，從思維上去掌握這個個人之外的世界——半自覺半不自覺地——成了他最高的目標。他又寫說「過去與現在和他有類似動機的人們，以及他們的洞見，已成了不可或缺的朋友。前往這個樂園的路途並不像前往宗教樂園的路途那樣舒服或誘人，但是它還是一樣值得依賴，我從來沒有後悔選擇了這一條路。」

稍微了解愛因斯坦的人都注意到了他有極大的定力

與自信，也不太在意世俗的名利；他自述的這段心路歷程充分地解說了其人生羅盤的來源。有趣的是他年紀輕輕就能看出「這種追逐是很殘酷的」，的確算得上「早熟」。

愛因斯坦在〈自傳筆記〉的頭幾頁還特別記錄了兩個年幼時接觸到自然奧秘的經驗：首先是他父親在他 4、5 歲時拿了個羅盤給他看，他看到了羅盤指針在沒有與外物接觸的情況下，竟然會固定地朝向一個方向！這件事讓他留下了「深刻而永恆的印象」——事物在表面之後顯然隱藏了一些東西。人們自嬰兒以來所看到的事，例如東西會往下掉而月亮卻不會、風和雨、生物與非生物的區別等等並不會讓他感受到這種震撼。

另一件本質上完全不同的經驗是他在 12 歲之時拿到了一本解說歐幾里得平面幾何的小書，裡頭有許多第一眼看來並不顯然為真但卻又可以證明的敘述，這些既清晰又確定的內容對於少年愛因斯坦來說是極為神奇的事。他還記得在一位叔叔告訴他「畢氏定理」之後，他花了很大的工夫，利用三角形的相似性獨自地「證明」了這個定理。此外，歐氏幾何所處理的物體在他看來似乎和「看得到與摸得到」的東西沒有什麼不同。愛因斯坦說對於頭次接觸到幾何證明的人來說，看到純思考竟可以導致確定的知識的確非常奇妙。這兩件經驗顯然引導了愛因斯坦走向「獨立於我們人類地存在的廣大世界」，促使他奉獻於對於這個世界的思索。

在我們的文化中，「愛因斯坦」四個字是「天才科學家」的代名詞，他的著名公式 "$E=mc^2$" 已成為人類科學成就的象徵，大家約略認定愛因斯坦「這一類的人」於國家社會是相當有用的人，所以「培養愛因斯坦」似乎是很多社會的目標。不過愛因斯坦之所以為愛因斯坦的關鍵就在於其獨立脫俗的人格，這種氣質恐怕和「培養」的想法是格格不入的。

# 青年愛因斯坦

1894 年，愛因斯坦 15 歲，正在德國慕尼黑念中學。他的家人因為生計之故，在這一年 6 月搬到義大利米蘭居住。愛因斯坦不能跟著去，因為他得留下來把中學文憑拿到手。愛因斯坦很不滿意這樣的安排。一來他本來就不喜歡有軍隊味道的德國中學，而學校老師也不喜歡他，例如就曾有老師對他說：「你只要坐在教室裡就會妨礙到老師應得的尊敬。」顯見厭惡權威的他與一板一眼的教育格格不入（不過他的成績還相當好，絕不是傳言中學業表現很糟的學生）。加上現在他得和家人分離，只能獨自住在宿舍裡，由遠親照顧，當然覺得非常沮喪。

不快樂的愛因斯坦在父母不知情之下，就立了決心一定要到義大利和家人團聚，就算沒有文憑也要離開德國。他設法拿到一份醫生證明，裡頭寫說愛因斯坦健康欠佳，必須在家人照顧下長期療養才能康復。他另外還拿到數學老師的一封信，證明他的數學能力已達大學水準。數學老師這麼說並沒太誇張，因為愛因斯坦已經自修了微積分，而且對於物理的理解也相當深刻，例如他在 16 歲就想過如果他能以光速前進會看到什麼事情這種問題。

愛因斯坦忽然自行輟學回到義大利家中，他的父母難免擔心他是否在自毀前程，還好愛因斯坦答應他們一定會用功自修，以考上蘇黎世的聯邦理工學院。1895 年 10 月，愛因斯坦參加了聯邦理工學院工程系的入學考。他這時才 16 歲半，比正常入學年齡 18 歲要小不少。結果他落榜了，原因是除了物理與數學之外，其他科目都考得不夠好。不過聯邦理工學院的校長很欣賞他的潛力，便告訴他只要拿到了高中文憑，就可以不必再經考試直接入學念書。所以愛因斯坦便前往瑞士德語區內的亞勞 (Aarau) 鎮中學註冊就讀，同時寄宿在溫特勒 (Jost Winteler) 先生家中。

愛因斯坦發現亞勞中學充滿自由精神，和德國中學的權威氣息大為不同，他非常喜歡這樣的教育環境；愛因斯坦後來跟朋友說：「我對這間學校留下了不可磨滅的印象。」溫特勒先生是亞勞中學的歷史與古典文學老師，他將愛因斯坦視同家人，愛因斯坦也很喜歡所寄宿的這家人，他和溫特勒的女兒瑪莉 (Marie) 尤其互相看得順眼；溫特勒的一個兒子後來還娶了愛因斯坦的妹妹瑪雅 (Maja)。

1896 年秋天，愛因斯坦拿到了高中文憑，終於得以進入蘇黎世聯邦理工學院就讀。他的目標已經不是當個工程師，而是當一位專門教授數學與物理課程的高中專科教師。愛因斯坦早就想放棄德國公民身分，他在那一年也拿到了從出生地德國烏爾姆 (Ulm) 所發出的文件，證明他已經不是德國公民。他大學四年間的生活費為每個月 100 瑞士法郎，都是親戚所資助的，他每個月會從中存下 20 法郎以作為將來歸化瑞士籍的費用。他在 1899 年 10 月提出歸化申請，而在 1901 年 2 月成為瑞士公民。

不過愛因斯坦在聯邦理工學院的四年間並不是全然無憂無慮的。在家庭方面，他父親的生意做得並不成功，讓身為長子的他心情相當沉重。例如他曾在給妹妹的信中說：「我已經成年，卻只能在旁看著（父母的遭遇）……一點忙也幫不上，我純然只是父母的負擔而已……我要是沒活著就好了。」在學校方面，他必須在四年內通過兩次關鍵的考試，除此之外，老師不會太介意他在做些什麼。所以愛因斯坦平常還是依著自己的性子沒有規規矩矩去上他不喜歡的課，而多把時間花在自修上與物理實驗室裡；他自己花功夫研讀的東西包括馬克斯威爾 (James Clerk Maxwell, 1831–1879) 的電磁學理論、馬赫 (E. Mach, 1831–1916) 的力學、波茲曼 (Ludwig Boltzmann, 1844–1906) 的氣體動力學等。但是他讀的這些高深物理卻未必能夠讓他通過學校的考試。

還好，他的同班同學葛羅斯曼 (Marcel Grossmann, 1878–1936) 是個循規蹈矩的好學生，除了認真上課之外，也非常用心做筆記；他很賞識愛因斯坦的才氣，認為愛因斯坦將來一定非池中之物，所以毫不吝嗇地將其漂亮的筆記在考前借給愛因斯坦應急。如果沒有葛羅斯曼這樣子幫忙，愛因斯坦恐怕得更大費周章才能順利畢業。（多年後，愛因斯坦在發展廣義相對論時碰上了數學困難，他又找上了那時擔任數學教授的葛羅斯曼，才學到了微分幾何與張量分析。）但是愛因斯坦的女朋友暨同班同學米列娃 (Mileva Maric, 1875–1948) 卻沒能和他一起在 1900 年 7 月通過畢業考試。米列娃隔年 7 月又考了一次，還是沒過關。

米列娃是塞爾維亞人，比愛因斯坦大 4 歲。她的父親是中級公務員，所以家境大約比愛因斯坦還好些。在那個年代，人們還不習慣女性研習物理，米列娃只有跑到社會風氣較自由的瑞士念大學，成為聯邦理工學院愛因斯坦那一班上唯一的女學生。當時周圍的朋友覺得米列娃是個客氣、話少、且有些憂鬱的人，但是她卻和愛因斯坦很談得來，兩人漸墜入情網。愛因斯坦的母親一開始非常反對兩人交往，但是愛因斯坦可不是輕易屈服的人，在一場家庭小革命以及一段曲折的路途之後（米列娃在 1902 年初生下了兩人的女兒 Lieserl，這個私生女後來下落不明，可能是被人收養了），米愛兩人終於在 1903 年 1 月結婚。

1900 年 7 月愛因斯坦從聯邦理工學院畢業，他萬萬沒想到在接下來的兩年裡，日子會過得相當不如意。首先，在當年的畢業班當中，他是唯一未能留校擔任助理的學生。愛因斯坦把這件事怪罪到聯邦理工學院的韋伯 (Heinrich Weber) 教授頭上，他認為是韋伯從中作梗他才喪失助理一職。韋伯本來很欣賞愛因斯坦，但是後來似乎受不了愛因斯坦不把老師看在眼裡的態度，曾對愛因斯坦說：「你很聰明，但有個缺點，你聽不進別人的話！」愛因斯坦我行我素的作風還是讓他吃到了大苦頭。

雖然一時失業，愛因斯坦仍在 1900 年底完成了他第一篇科學論文，送交著名期刊《物理年報》(*Annalen der Physik*) 發表。他在 1901 年 3 月把這篇文章寄給德國萊比錫大學的奧斯特華（Wilhelm Ostward，1909 年諾貝爾化學獎得主）教授，希望能因此得到奧斯特華賞識而獲聘為助理，但是奧斯特華並未回信。愛因斯坦在那年 4 月又把論文寄給荷蘭萊頓大學的卡默林翁內斯教授（H. Kamerlingh Onnes，1913 年諾貝爾物理獎得主），也同樣沒申請到任何職位。

愛因斯坦的父親在 1901 年 4 月背著他寫了封信給

奧斯特華教授。今天回頭讀這封信，令人感觸萬千，信裡這麼說：

> ……我兒子艾伯特・愛因斯坦今年22歲，在蘇黎世聯邦理工學院讀了四年，去年以優異的成績通過數學與物理的學位考試。但自那時至今，他都找不到助理的工作，而只有這種職位才能讓他繼續在理論與實驗物理的方向深造下去。每個能夠評量他的人都稱讚他的天分，無論如何，我可以向你保證他非常勤勞，而且極度熱愛科學。我的兒子對於他找不到工作極不快樂，而且越來越相信自己是科學這條路上的失敗者……因為我們不是有錢人，所以他也為了變成我們的負擔而苦惱不已……我懇求你讀一讀他發表於《物理年報》的論文，並希望你可以寫幾句鼓勵的話給他，好讓他重拾生命與工作的喜悅。除此之外，萬一你能夠給他一個助理的工作，我將感激不盡……

無論奧斯特華教授是否真的依愛因斯坦父親的請求而寫封信來鼓勵他，愛因斯坦依舊沒找到工作，不過九年後（1910年），奧斯特華倒是頭一位提名愛因斯坦獲諾貝爾獎的人。

從1901年5月起，愛因斯坦開始四處當起高中代課教師與私人家教，課餘他還是把心思用於物理研究上。他寫信給朋友說已經放棄了到大學工作的野心，因為他「在目前的情況下，還是能保持對於科學研究的能力與熱忱」。1901 年底，愛因斯坦送交一份論文給蘇黎世大學，希望申請博士學位；論文主題是氣體動力論，不過審查未獲通過。但在這個挫折之後，他的運氣開始好轉。

愛因斯坦在 1901 年 12 月依據公開的徵人廣告向瑞士伯恩專利局申請工作。在此之前，他已經透過關係知道他有到專利局任職的機會，牽線的人正是賞識他的同學葛羅斯曼與其父親。1902 年 2 月，愛因斯坦搬到伯恩，預期專利局會給他好消息。6 月底，他開始到伯恩專利局工作，擔任實習三等技員，年薪 3,500 法郎。他的父親在那年 10 月過世。有了較穩定的工作，他隔年 1 月就娶了米列娃，再隔年 5 月大兒子誕生，9 月他在專利局的試用時期屆滿，成為正式職員。再隔年，也就是 1905 年，他一連完成了好幾篇論文，改變了物理與人類文明的方向。

在等待專利局工作的期間，愛因斯坦的主要收入來自擔任數學與物理家教。他在報紙上刊登了一則廣告，說願意以一小時三法郎的收費教授數學與物理。一位伯恩大學的哲學學生索羅文 (Maurice Solovine, 1875–1958) 看到廣告找上門來，說他想多學一些紮實的學問如物理；結果兩人一見如故，所謂的上課變為天南地北的討論。

隔幾天，愛因斯坦便對索羅文說與其無益地單方面授課，不如兩人定期見面討論共同感興趣的話題。後來另一個朋友哈比希特 (Conrad Habicht, 1873–1958) 也加入聚會。三人成立了「奧林匹亞學院」，無拘無束地探索哲學、科學、文學等課題。對於三人來說，學院的活動是一段貧窮但無限美好的時光。五十多年後，索羅文與哈比希特在巴黎碰了面，兩人寄了封明信片給那時在美國普林斯頓的「奧林匹亞學院院長愛因斯坦」，說他們永遠留了個座位給他。愛因斯坦那時身體已經不是太好，但是童心未泯，便回了封信給「不朽的奧林匹亞學院」，裡頭說道：「你的成員創造了妳，以開妳那些歷史更悠久的姐妹學院的玩笑。我在多年的細心觀察之後，才知道當初的玩笑實在開得真好。」他最後署名：「現在僅是一位通訊會員的愛因斯坦」。

# 遠見，還是反動?
## ——愛因斯坦與波耳

愛因斯坦的物理直覺在 20 世紀無人能出其右。他在新舊物理交替之際，常能發人所未見，眼力既遠又準。尤其是對於基本原理的闡發，往往可以超越傳統思維，同輩的物理高手只能甘拜下風。可是這樣一位一向在引發革命的天才竟然一輩子不肯接受量子力學這門也是革命性的學問，難道是他敏銳的判斷力生鏽了？或者他的確瞧出了量子力學的破綻?

量子力學是非常奇特的科學：一方面，它的定律可以讓理論學家精準地算出實驗的種種結果——這是愛因斯坦也承認的事，另一方面，這些定律所呈現出的微觀世界卻又非常不可思議，難免引人半信半疑——愛因斯坦不喜歡的正是這一部分。一般科學家通常會以實用的觀點去看待量子力學，他們即使「不懂量子力學」，也可以成為相當稱職的量子技師，所以不會在意比較微妙的意義問題。但是愛因斯坦念茲在茲的正是本質性的東西，所以他當然要對量子力學的意義追究到底。

愛因斯坦曾經對朋友說，他思索量子問題的時間百倍於思索廣義相對論的時間。他在量子力學出現之後，提出了一個又一個的「想像實驗」，希望能藉以暴露量子力學的內在矛盾。對於愛因斯坦尖銳的挑戰，量子力學陣營出面迎戰的人物是波耳 (N. Bohr, 1885–1962)。論戰開始時，二人都已是獲得了諾貝爾獎的大人物，也是相互景仰的好友。波耳自 1927 年起，至 1955 年愛因斯坦過世為止，從未間斷地想要說服愛因斯坦接受量子力學「真理」。反過來，愛因斯坦也不停地想讓波耳承認量子力學並不完備。在這場歷史性的爭論中，他倆皆未能折服對方，不過多數（尤其是新一代的）物理學家是傾向波耳的。

1925 年波耳（左）與愛因斯坦（右）在奧地利物理學家艾倫費斯特家中的合照 (©wikipedia)

波耳是丹麥人，比愛因斯坦年輕 6 歲。他在 1913 年提出了第一個可以成功解釋氫原子光譜的半古典氫原子模型，從此成為原子物理的掌門人。對於發現量子力學的年輕一代如海森堡、狄拉克 (P. A. M. Dirac, 1902–1984) 等人來說，波耳是他們的精神導師。海森堡在《物理與哲學》一書中回憶道，他與波耳在 1926、1927 年間於哥本哈根面對如何詮釋量子力學的問題，經常

> 討論了好幾小時，直到深夜，最後幾乎絕望了。討論結束之後，我獨自到隔壁的公園走一走，不停地問自己：大自然可能像原子實驗中所看到的那麼荒謬嗎？

波耳和海森堡所絞盡腦汁的心得，一般稱為「哥本哈根詮釋」；對於多數物理學家來說，它至今依然是量子力學的正統詮釋。

大致上講，哥本哈根詮釋的意思是這樣的：㈠任何物理實驗的結果必定是以古典物理的語言（物理量）——譬如一個粒子的位置、動量、角動量等——來描述的。㈡在古典物理中，我們可以精準地預測與測量出這些物理量。但是在微觀量子世界中，物理量會受到「不確定原理」的限制，測量的結果依狀況可能有無可避免的誤差。對於特定物理量而言，我們只能用量子力學法則去計算在實驗中測量到其各種值的機率。以一個電子的位

置為例，假設我們知道電子最初的位置，我們就可以用薛丁格方程式算出爾後任一時刻在某個空間位置找到電子的機率函數。㈢但是這個機率函數並不代表電子真實的運動情形。譬如說，我們以光去照射氫原子，看到其中電子的位置是 $x_1$，過了一段時間之後，我們又用光去尋找電子的位置，發現它這次出現在 $x_2$ 位置；量子力學可以告訴我們的是在 $x_2$ 處找到電子的機率有多大，可是我們卻不能由此推論出「電子在兩次觀測之間一定是在某個地方，所以它必然循著某一條未知的軌跡從 $x_1$ 跑到 $x_2$」這種說法。這樣的推論假設了電子只會表現出「粒子」的性質（所以才有「軌跡」可言），但是這卻會導致和實驗不相容的結果。㈣「波動」與「粒子」這兩個性質在古典物理中是相互矛盾的，只能有一個成立，粒子不會有波動性，而波也不會有粒子性。但是在量子物理中，電子卻可以依據實驗的型態而展現出波動性或粒子性。譬如說，如果我們一直將光照射在電子上面，則我們就會看到電子的運動的確是有軌跡可言。這時電子展現了粒子性，但是這樣的電子就無法表現出波動性。只有當我們不用光去觀察電子時，它才會呈現波動性。量子力學把波動性與粒子性看成是「互補」的性質。

愛因斯坦不喜歡哥本哈根詮釋，因為這種詮釋似乎意味著微觀物體的性質會受到「觀測」這個步驟的影響，所以沒有「客觀」的本性。他相信觀測者（儀器）不應該出現在對於自然世界最深刻的描述中，也就是說他相信最底層的自然有所謂的「客觀實在性」(objective reality)。愛因斯坦曾經問朋友：「如果你不去看月亮，它還會在那裡嗎?」言下之意他不能接受電子在兩次測量之間無所謂「真實的物理狀態」可言的說法。愛因斯坦認為量子力學只能提供對於一群微觀系統（系綜）的統計性描述，而無法用來描述單一的物理系統（例如單一個原子）；既然物理理論的目標在於完整地描述一切自然系統，量子力學就不會是完備的終極理論。他有句名言清楚地表達了其信念：「上帝不玩骰子」。他不反對量子力學在邏輯上是可以自圓其說的理論，但是他堅信存在著一個比量子力學更完備的理論，可以講清楚介於兩次測量之間的電子究竟是什麼玩意兒。這種能夠穿透機率迷霧而滿足客觀實在性要求的理論一般稱為「隱變數理論」。

但是隱變數理論究竟可不可能呢？或者，它只是愛因斯坦個人的反動幻想而已？約翰・貝爾 (John Stewart Bell, 1928-1990) 是少數對於這個問題下過功夫的人之一，他在 1966 年提出了著名的貝爾不等式，證明了某一類型的隱變數理論是不可能的。貝爾本人是同情愛因斯坦的，但是後來還是得承認：

> 歷史站在正統詮釋這一邊。愛因斯坦是個理智的人，其他人只是把頭埋在沙裡。我覺得愛因斯坦在這件事上所表現的智力超過波耳太多了，……所以，對我而言，愛因斯坦的點子行不通是很可惜的事。合理的事就是行不通！

儘管波耳一直在得分，還是沒有人敢肯定地講愛因斯坦絕對沒有翻身的機會。

**2007 年補記**

愛因斯坦在 1950 年 9 月寫了封信給量子力學開創者之一波恩，裡頭再次闡述了他對於量子力學的不滿之處。波恩後來評論說：「這大概是愛因斯坦對於他自己的實在性 (reality) 的哲學觀最清楚的陳述了。」因此我特地在此介紹愛因斯坦於信中的陳述：

> 關於我稱為量子論中不完備的描述這回事，在相對論中完全沒有類似的東西。簡單地講，這是因為Ψ函數（波函數）無法描述單一個別系統的某些性質，而這些性質的「實在性」是沒有人懷疑的（就像某個微觀參數）。就拿一個可以繞著某個軸旋轉的巨觀物體來說，它的狀態完全取決於一個角度。現在，盡可能的在量子理論許可之下，定義清楚起始條件（角度與

角動量)，則薛丁格方程式就會得出爾後任意時刻的Ψ函數……如果我們做了測量（例如以光去照射），就會（以足夠的精密度）找到某個角度。這並不能證明在觀測之前其角度已經具有這個明確值——但是我們相信實際上是如此的，原因是我們確信在巨觀尺度下「實在性」的必要性，所以Ψ函數在這個例子中無法表示出事物真實的狀態。這就是我所稱的「不完備的描述」。

到目前為止，你大概不會反對我的看法。但是你可能會採取一種立場，那就是完備的描述是無用的，因為對於這個例子而言，我們找不到這種數學理論。我不會說我能夠反駁這種觀點，但是我的直覺告訴我，一個完備的數學理論是和我們對於其真實狀態的完備描述綁在一起的。我確信事情必然是這樣子的，儘管目前我們還做不到這一點。我還相信目前的量子理論的正確性和熱力學有類似之處，也就是所使用的觀念還有所不足。我不期待可以說服你、或任何其他人，我只想讓你了解我怎麼想。

我從……你的信中知道你也認為量子力學描述是不完備的（因為它所指涉的是系綜 (ensemble)），但是你畢竟深信沒有定律可以給出完備的描述，因為根據邏輯實證論的準則：看得到的才存在……這就是我們態度不同之處。目前，只有我一個人有這樣的看法——就好像萊布尼茲 (G. Leibniz, 1646-1716) 在面對牛頓理論中的絕對空間時所採的態度那樣。

# 與眾不同之處

著名天文學家錢德拉瑟加（S. Chandrasekhar, 1910-1995；1983年諾貝爾物理獎得主）是愛因斯坦的仰慕者，他曾在一場紀念歐本海默的演講中（演講稿見 *Am. J. Phys. 47*, 212 (1979)）提出了以下的問題：「大家都認為愛因斯坦在20世紀物理界的地位是獨一無二的。不過或許還是有人要問，為什麼如此？因為就物理學家的知識而言，我們其實可以舉出好幾個人，他們的重要貢獻可能比愛因斯坦還來得有用——無論如何，起碼和愛因斯坦的貢獻相當。以下是這類人物的一些例子：羅倫茲（H. Lorentz, 1853-1928）、彭卡瑞、拉塞福、波耳、費米、海森堡、狄拉克、薛丁格(E. Schrodinger, 1887-1961)。」

錢德拉瑟加自己對這個問題的回答是：「毫無疑問的，愛因斯坦獨特之處在於：他除了對狹義相對論、布朗運動、以及光子概念的貢獻之外，還是廣義相對論唯一的發現者。」雖然廣義相對論未必和原子論一樣，應成為每個物理學家的必備知識，但是研讀過這個理論的人都會同意大數學家懷爾（H. Weyl, 1885-1955）對它的評價:「廣義相對論是人類推理性思維能力最偉大的例子」。錢德拉瑟加本人是相對論專家,很能體會愛因斯坦在廣義相對論上所表現出來的偉大創造力與卓越思維能力,所以會以廣義相對論這項工作來區別愛因斯坦與其他大物理學家。

就愛因斯坦的成就如何超越其他人而言,我當然認同錢德拉瑟加的答案,不過這個答案並沒有回答大家其實更感興趣的問題:愛因斯坦的天才如何與眾不同?但是這個問題不會有什麼客觀、有意思的答案,甚至可能有人會覺得愛因斯坦根本並沒有比,譬如說,狄拉克來得聰明。可是如果我們問:愛因斯坦在氣質上、在提問題的方式上與其他一流物理學家有什麼不同?則這個問題就值得討論了。

我以為,愛因斯坦在氣質上與其他著名物理學家確有相當不同之處,尤其是小他一輩以上的海森堡、狄拉克、費米,以及二次大戰後成名的許文格、費曼、葛爾曼、萬伯格,乃至當紅的葛羅斯 (D. Gross, 1941- )、威爾切克 (F. Wilczek, 1951- )、維頓等人。相異之處主要在於愛因斯坦遠比他們更像是位哲學家。愛因斯坦的哲學涵養非常深厚,而且這種涵養清楚地呈現在他的物理研究上,例如對於相對論以及量子力學的研究。

愛因斯坦在其〈自傳筆記〉(Autobiographical Notes) 一

文中對於如何發現狹義相對論有這樣的說明：「我 16 歲時已經想到（關於馬克斯威爾方程式的）一種弔詭：如果我以速度 c（光在真空中的速度）去追一束光，則我應該看到一束靜止的光，也就是在空間中來回震盪的電磁場。但是，無論就經驗或是就馬克斯威爾方程式而言，這種現象似乎並不存在。」愛因斯坦在 16 歲便能設想出如此出色的「想像實驗」，已展現其哲學慧根。愛因斯坦又繼續寫說：「我們看到狹義相對論的根源已經包含在這個弔詭之中。當然，今天每個人都知道，只要時間的絕對性——亦即同時性的絕對性——這項假設依然不自覺地留在我們潛意識之中，則一切想要圓滿澄清這個弔詭的企圖都註定失敗。只要能認清「時間的絕對性」其實只不過是任意的假設，就已看出了問題的答案。發現這項關鍵點所需要的那種批判性思考，就我而言，基本上來自於閱讀休謨 (D. Hume, 1711-1776) 與馬赫的哲學性作品。」

早在 1915 年，愛因斯坦便已在信中對朋友許立克 (M. Schlick, 1882-1936) 說他狹義相對論的思想受到了馬赫的影響，又說「而休謨的影響更大，因為就在發現狹義相對論之前不久，我認真地研讀了休謨《論人性》(*A Treatise of Human Nature*) 的德文翻譯。如果沒有研讀這些哲學作品，我便非常可能會找不到答案。」愛因斯坦究竟

休謨 (©wikipedia)

馬赫 (©wikipedia)

從休謨與馬赫那裡得到什麼啟發呢？我們知道休、馬二人的哲學立場是任何觀念必須立基於知覺經驗之上，一切超越經驗之外的觀念都必須質疑。絕對時間的概念是一種沒有經過檢驗的假設，愛因斯坦之所以能在 1905 年毅然地拋掉這個大家習以為常的假設，靈感就來自休、馬的哲學思想。他於 1924 年回憶說：「在思考了七年 (1898–1905) 但一無所獲之後，忽然間我想出了答案，那就是我們對於空間與時間的觀念與定律，除非它們是清楚地立基於經驗之上，否則是無效的；而且經驗極可能會改變（我們對於時間與空間的）觀念與定律。在將同時性的概念修正成較恰當的形式之後，我便得到了狹義相對論。」一旦推翻了絕對時間的概念，光速在各個座標中都是定值這件事就不是弔詭之事了。愛因斯坦便是如此想出他的狹義相對論，其中來自哲學的啟發是關鍵。

除了狹義相對論，廣義相對論的發展與哲學也是密切相關：在還沒有徹底了解廣義相對論之前，愛因斯坦曾深深困惑於他自己設想出來的「空穴論證」(Hole Argument)，大略地講，這個論證所涉及的即是數學上所謂「微分同胚不變性」(Diffeomorphism Invariance) 的物理意義究竟是什麼，也就是時空點到底是不是只有相對性意義（如萊布尼茲之主張）而已的問題。此外，眾所周知，愛因斯坦一直不肯接受量子力學，他對於量子力學的詭異之處看得比任何人都來得透徹，這種批判態度當然源自於哲學思維。

愛因斯坦曾說哲學所追求的是最一般性、最全面性的知識，因此哲學是所有科學之母。既然他對於哲學有如此認知，也對於宇宙最深刻的結構感到興趣，他投注時間與精力在哲學上便可以理解了。前文提過愛因斯坦在瑞士伯恩專利局工作期間，曾和好友索羅文與哈比希特共同成立「奧林匹亞學院」(Olympia Academy)，一起討論學問。他們談論的主題非常廣，根據索羅文的回憶，閱讀書單中包括大量的哲學性著作：例如，彭卡瑞的《科學與假設》(*Science and Hypothesis*)、彌爾 (J. S. Mill, 1806–1873) 的《邏輯系統》(*A System of Logic*)、皮爾遜 (K. Pearson, 1857–1936) 的《科學的文理》(*Grammar of Science*)、馬赫的《知覺的分析以及物理世界與心靈世界的關係》(*The Analysis of Sensations and the Relation of the Physical and the Psychical*)、亞維納留斯 (R. Avenarius, 1843-1896) 的《純經驗批判》(*Critique of Pure Experience*)、以及先前已提過的休謨的《論人性》等等。根據朋友的說法，愛因斯坦在晚年依然喜歡閱讀休謨的作品以為娛樂！

總之，愛因斯坦在哲學中吸取靈感是不爭的事實，他的思維帶有濃厚的哲學氣息也是相當明顯的。可是前面提過，當代物理學家之中，罕見像愛氏這樣愛好哲學的人，為什麼會這樣?愛因斯坦在 1936 年寫了篇文章〈物理與實在〉(Physics and Reality)，裡頭或許有這個問題的答案。愛因斯坦寫說：

> 我們常聽到一種說法，這種說法不能說沒有道理，那就是科學家是差勁的哲學家。如果真是這樣，那為什麼物理學家不乾脆把哲學留給哲學家去做就好？假如物理學家相信他已經擁有了一套固定的基本觀念與基本定律，而且這一套系統非常牢靠，完全無可懷疑，那麼在這種時候，物理學家的確不必去擔心哲學問題。但是如果他們所處的時代正好是物理根基出問題的時候，就像是現在，那麼物理學家便不能不理會哲學。目前實驗結果逼迫我們去追尋更新穎、更穩固的基礎，在這樣的情況下，物理學家就不可以把對

> 於理論基礎的批判性思考丟給哲學家，因為物理學家自己最清楚鞋子哪裡穿起來不舒服。在尋找新基礎的時候，他應該試著在腦子中想清楚，所使用的觀念有哪些是靠得住的，而且是必要的。

毫無疑問的，愛因斯坦這段話全然是基於自己的經驗。如果他的看法確有些道理，那麼當代物理學家之所以不看重哲學，原因便在於他們已經有了「穩固的基礎」，例如像量子場論這種適用範圍極廣的理論架構。既然現今的專業科學家可以依循明確的法則來處理所面對的問題，他們和愛因斯坦相比，難免會顯得匠氣較重。愛因斯坦曾經對朋友抱怨這種狀況：「今天很多人，甚至是專業科學家，在我看來，就像是雖看過上千株樹，但卻沒見過森林的人。科學家如果了解科學知識的歷史與哲學背景，就能夠擁有某種獨立性，讓他免於他那一時代多數科學家所陷入的偏見。這種由哲學洞見所產生出來的獨立精神，依我的意見，可以區分一個人究竟僅僅是位工匠或專家，還是一位真正的真理追求者。」

愛因斯坦雖然喜好哲學，但很清楚哲學思維有其局限，物理學家有時必須是個「機會主義者」，得要不按牌理出牌，才能繼續走下去。例如他知道自己所提出的「光子」假說不折不扣是個革命性的概念，因為這個假說背後並沒有個和相對論一樣能夠自圓其說的理論。儘管其他物理學家已欣然地接受了光子說，愛因斯坦的哲學素養反而促使他持續地去尋找答案，因而他後來才會說：「我思索光量子的時間遠多過我思索相對論的時間。」

我們永遠不會知道愛因斯坦的天才是怎麼來的，不過我們可以看到他那親近哲學的態度，的確與眾不同。而這種對於哲學的喜好，直接、間接地幫助了他克服觀念上的障礙，提出新問題。

# 武士與旅人

湯川秀樹 (Hideki Yukawa, 1907–1981) 與朝永振一郎 (Shin-ichiro Tomonaga, 1906–1979) 是上一世紀日本物理界的兩大巨人，兩人曾因粒子物理學上的重要成就，分別在 1949 年與 1965 年獲得諾貝爾獎。這是日本頭兩個諾貝爾獎，對於提升日人在二次大戰後的士氣，幫助很大。年齡相差不到 1 歲的湯川與朝永在家庭背景與志趣上類似之處頗多：他們都出生於東京、也都因父親接任京都大學教授（湯川的父親為地質教授，朝永的父親為哲學

1957 年湯川秀樹（左）與朝永振一郎（右）在東京的合照 (©Emilio Segrè Visual Archives)

教授）而隨家庭遷居京都、兩人都是京都第三高等中學和京都大學物理系的學生、也都以高能理論物理為志業。總之，湯川與朝永可說既是學問路上的夥伴也是競爭對手。

湯川與朝永在 1930 年代選擇投入基本粒子領域，也真是碰對時機，因為當時粒子物理學剛起步，待解的重要問題比比皆是。例如當時人們已經知道核子（質子、中子）之間必得有很強的核力，但是對於核子的性質還不甚了解。湯川秀樹在 1935 年發表了他第一篇論文〈論基本粒子的交互作用〉(On the Interaction of Elementary Particles)，主張強交互作用是由一種新型的粒子——介子——來傳遞的；由於強交互作用的範圍極短，介子必有很大的質量，依估算，介子質量應約是電子質量的兩百倍。十多年後，湯川的介子果然為實驗學家所證實，他也因此得以前往斯德哥爾摩一趟。湯川後來在諾貝爾演講中說「介子理論的起源是把力場的觀念從重力與電磁力推廣至包括核力」，這個想法是粒子物理學最重要的觀念之一。

朝永振一郎在國際舞臺上嶄露頭角的時間比湯川晚，他的貢獻在於解決了量子電動力學中著名的「紫外（積分）發散問題」，這是個困惑人們已久的問題：我們如果將量子論用於描述電磁交互作用，則會發現一些物

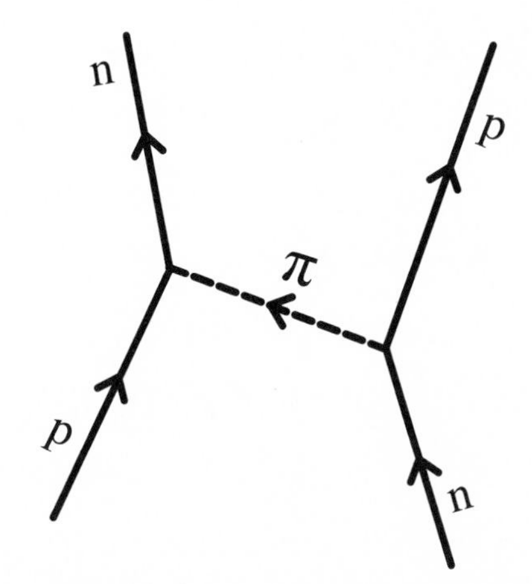


質子 (P) 與中子 (n) 之間因交換湯川的介子 (π) 而有強交互作用。

理量如電子的質量竟然是無窮大。朝永在大戰期間發明了一些重要的技巧，讓他能夠在戰後帶領一些年輕日本物理學家將無窮大巧妙的藏起來，使得無窮大不再出現在量子電動力學之中。由於美國物理學家許文格與費曼也各自提出了相同的解決方案，因此 1965 年的諾貝爾物理獎是由朝永、許文格、費曼三人一起分享的。

$$i\hbar\frac{\delta\Psi}{\delta\sigma}=-\frac{1}{c}j^{\mu}A_{\mu}\Psi$$

此為量子電動力學中的「朝永—許文格方程式」

2007 年是湯川秀樹百年冥誕,《亞太物理學會會刊》(*AAPPS Bulletin*) 出了專輯來紀念,其中有一篇由筑波大學退休教授龜淵迪 (Susumu Kamefuchi) 所寫的文章〈朝永與湯川:對照的觀點〉,甚為有趣。龜淵教授曾從學於兩位大師,對於兩人之異同,有深刻的見解。他說儘管湯川與朝永有甚多相似之處,但是就某些個人特質而言,兩人幾乎是完全相反的。龜淵認為就學術風格來說,朝永偏數學,湯川偏哲學;朝永偏分析,湯川偏綜合;朝永偏歸納,湯川偏演繹;朝永偏理性,湯川偏直覺。熟悉朝永與湯川兩人作品的人,對於龜淵的觀察,應多少有些同感。

龜淵說朝永在解決問題的時候,會盡可能的不跨出現存理論的框架,而以高明的技巧去挖掘出別人所沒有注意到的結論,所以朝永就像是理論物理的魔術師。從這個角度看,朝永是保守的。事實上,朝永自己也承認說:「當然我是保守的,但是我並不反動。」反過來,湯川遇到問題會想要另起爐灶,將基本觀念整個翻新,所以和朝永相比,他是偏向革命的。換句話說,朝永偏現實,湯川偏理想;朝永偏謹慎,湯川偏大膽。龜淵又說朝永在演講的時候永遠謹守分寸,不會為了讓聽眾更易了解而容許些微失真,但是湯川卻敢於跨越專業的界線而高談闊論;所以朝永是專業的,但湯川卻有業餘的氣質。

朝永在 50 歲的時候公開宣布他不再從事理論研究，而要轉向行政工作。龜淵猜測這個決定和朝永是一流的理論物理巧匠有關：一流的巧匠只允許自己拿出傑作，但是傑作是難得的，因為需要投入無數的時間與精力，如果朝永感覺他的精力有限，無法拿出傑作，他的確可能就此割捨研究生涯。

相較之下，湯川一輩子都不停地在尋找替代正規量子場論的新典範。他心愛的理論是所謂的「非局域性場論」(non-local field theory)，他投入了數十年的精力來探討這種理論，但是一般的評論是這方面的研究還不成氣候，沒有具體的成就可言，湯川甚至被人質疑是否具備必要的數學技巧來從事這類研究。

所以，龜淵最後將朝永比擬成城堡中不敗的武士領袖：如果他發現周圍敵人有些弱點，便會命令其武士出城戰鬥；但是如果他沒有戰勝的把握，便會留在城裡，準備下一場戰役，因此他贏得了所有參與的戰役。可是對於湯川來講，無論戰役贏不贏得了，他都會迎上前去。因此龜淵說湯川比較像是一輩子都奔波於途的孤獨旅人，無論是愉快或艱困寂寞的旅途，他都不停地往前走，相信最終會尋得他的理想。事實上，湯川對於這種比喻早就有自覺——他在 50 歲時為自傳所取的書名正是《旅人》(*Tabibito*)。

# 反對方法

費耶阿本
(©Grazia Borrini-Feyerabend)

名科學哲學家費耶阿本 (Paul Feyerabend, 1924–1994) 是個喜歡發驚人之語的傢伙：他雖然在加州柏克萊大學教授哲學，卻 (在一篇〈不是哲學家〉的文章裡) 說：「我不是哲學家，我只是哲學教授。在柏克萊，這意味著我是一位公僕。為什麼我會成為教授？因為我破產了，一位英國朋友建議我申請牛津的一份工作。……」

他原先只想在學術界待個兩三年，但卻待了一輩子，因為「當個教授遠比當個『朝九晚五』的上班族好多了。」但又為什麼是哲學教授呢？因為「你想做什麼完全沒有限制」，不像數學教授如果扯到拓樸、代數等題材之外就會「惹出麻煩」。然而他之所以不喜歡哲學家是因為雖然很棒的想法比比皆是——報紙中、小說中、政治辯論中、甚至偶爾在哲學書中——但是這些想法如果是由心中滿是「真理」與「良知」的嚴肅哲學家來傳布，就會變得面目全非。他說：「亞里斯多芬斯 (Aristophanes, 456 B.C.–386 B.C.) 而非蘇格拉底 (Socrates, 469 B.C.–399 B.C.)、劇作家／演員內斯特洛依 (Nestroy, 1801–1862) 而非康德、伏爾泰 (Voltaire, 1694–1778) 而非盧騷 (Rousseau, 1712–1778)、諧星馬克思兄弟 (Marx Brothers) 而非維根斯坦 (Wittgenstein, 1889–1951)，他們是我的英雄。他們不是哲學家，哲學家偶爾會和他們打情罵俏，但不會接納他們是同夥人。所以我，雖然本事不大，也不希望和哲學家排在一起。」

可想而知，這樣愛唱反調的費耶阿本在哲學陣營內外有很多敵人。他最著名的作品《反對方法》(*Against Method*) 一書出版於 1975 年，已經翻譯成近二十種語言。書裡頭有個極著名的口號——「什麼都可以」(Anything Goes)。這口號的意思是除了無所不用其極，科學無所謂方法可言；所謂的理性其實沒有那麼了不起——科學與其他「不登大雅之堂」的傳統，如「占星術」、「巫術」，之間並沒有本質上的區別。不明就裡的科學家當然就在《自然》(*Nature*) 這份科學雜誌裡，替費耶阿本冠上「科學最惡劣的敵人」的頭銜——我猜這個頭銜只會讓費耶阿本高興個老半天。

其實只要仔細地讀一下《反對方法》，任何人都應該看得出來費耶阿本真正的「敵人」不是科學家——起碼不是愛因斯坦、波耳這種科學家，而是喜歡以科學方法「指導」別人的哲學家，尤其是一代哲學大家波柏 (K. Popper, 1902-1994)。波柏提出了「否證」(falsication) 作為準則，用來區分科學與非科學。波柏說我們永遠不能證明科學裡的敘述百分之百正確，但是我們卻可以藉由觀察與實驗所得的反例來證明（否證）它是錯的。科學的進展來自於不斷地否證不正確的敘述。不能否證的敘述就不是科學敘述。這個觀點看似很有道理，也得到很多科學家的認同。但是費耶阿本在《反對方法》以及後來發表的《告別理性》(*Farewell to Reason*) 中舉了很多例子，說明科學的進展其實非常複雜，不是「否證」這麼狹隘的想法可以涵蓋。例如波柏就曾經認為達爾文 (Charles Robert Darwin, 1809-1882) 的演化論不能否證所以不是科學——這當然是荒謬的。總之，費耶阿本認為「理性」、「方法」、「真理」這些概念是死板的，對於解決實際問題，一點也派不上用場。其實波柏自己也曾聲稱：「我是科學方法的教授——但是我卻有一個困擾：並沒有所謂的科學方法這回事。不過的確有一些簡單的大原則，它們相當有用。」這些原則真的有用嗎？費波兩人的歧異就在於他們的答案是相反的。

費耶阿本是奧地利人，二次大戰期間應召入伍為第三帝國上戰場，受過嚴重槍傷。他出道前曾參加過波柏的討論會，所以後來一些波柏門徒對他激烈抨擊波柏的行為頗不以為然。費耶阿本自己對於科學的看法和同時期的孔恩 (T. Kuhn, 1922-1996) 有頗多契合之處，例如費耶阿本與孔恩就各自獨立地提出了「不可共量性」(incommensurability) 的想法。所以科哲界常把費孔二人相提並論。

費耶阿本的文章相當生猛有力，處處顯示出作者的才智，讀起來很過癮。他有一篇精采的對話體文章〈結束前的非哲學談話〉(Concluding Unphilosophical Conversation)，裡頭說到「哲學家，尤其是理性主義者，只對一般性原理，而不是具體的情況感興趣。因為我們的世界是如此豐富，所以哲學家的故事若不是空虛的，就是蠻橫的。」他說很多哲學家的觀點他也許可以同意，但是他們正經八百的論文風格，他很不欣賞。他喜歡的作家有彌爾、維根斯坦、齊克果 (Kierkegaard, 1813-1855) 與柏拉圖 (Plato, 427? B.C.-347? B.C.)，他認為亞里斯多德 (Aristotle, 384 B.C.-322 B.C.) 的《物理》(*Physics*) 是一本了不起的書。費耶阿本在文章裡說《反對方法》其實半帶玩笑性質——只要看這本書的副標題「知識的安納其理論大綱」(Outline of an anarchistic theory of knowledge) 就應該知道，因為「安納其」(混亂、無秩序) 與「理論」是相牴觸的概念，但是很多人沒瞧出這一點。他認為自己的想法會隨時間而變，而這是很正常的——他寫這篇對話之時已經改變了一些關於相對主義的看法。

# 器物與思想

彼得・蓋利森 (Peter Galison, 1955- ) 是當今頗引人矚目的科學史家：50 歲不到，已經當上了哈佛大學科學史講座教授，出版了好幾本相當令人矚目的書。其中一本是 1979 年出版的《圖像與邏輯》(*Image and Logic*)，厚達 950 餘頁，非常深入地討論了物理實驗中偵測器的發展——從 20 世紀初的雲霧室 (cloud chamber)、氣泡室 (bubble chamber)，以至雷達以及高能實驗中最新的各式電子儀器。依據物理學家戴森 (Freeman Dyson, 1923- ) 的看法，蓋利森在書中提出了關於科學進展的新詮釋，和更廣為人知的「典範 (paradigm) 替換」觀點大不相同。

提出「典範替換」論點的是孔恩，這個論點的要旨是：科學家平常在一套共享的典範（也就是理論架構或者說世界觀，例如牛頓力學體系）之下工作，而科學的進展就來自典範的更替 (即發生科學革命)，例如以愛因斯坦理論取代牛頓力學。在這樣的理解之下，科學理論的演化成為科學活動的核心，促進科學進展的是新思想，只有偉大的思想突破才值得科學史／哲學家花時間去研究其來龍去脈。所以在孔恩的名著《科學革命的結構》(*The Structure of Scientific Revolutions*) 裡出現的科學家多半是理論學家，尤其是理論物理學家。

蓋利森則認為孔恩的觀點忽略了推進科學知識的另一種力量——新的實驗工具：工具的發明與改良促進了新的發現，繼而衍生出新的世界觀；因此《圖像與邏輯》一書所記錄的多半是實驗學家的活動，而這些活動有其內在脈絡，不能收納進孔恩「典範」的說法。戴森在其《太陽、基因組、與網際網路》(*The Sun, the Genome, and the Internet*) 一書中說自己雖然從事理論研究，但是卻更認同蓋利森強調物質面向的講法，覺得孔恩「把實驗數據看得太理所當然」，而且「多數近代的科學革命是『工具推動出來的』(tool-driven)，例如生物學中的雙螺旋 (double helix) 革命與天文學中的大霹靂 (big bang) 革命。不過由『思想推動出來的』(concept-driven) 革命還是偶爾會出現，一個好例子是 1960 年代的地殼板塊 (plate tetonics) 革命。」所以戴森主張我們在了解科學的內涵時，必須在「器物」與「思想」這兩個面向之間，取得一個平衡的觀點。

孔恩與蓋利森二人的學問背景相當類似：兩人都從哈佛大學獲得理論物理博士學位，孔恩的領域是固態物理學，蓋利森則是粒子現象學；兩人原本對於科學史／

哲學就極感興趣，對於各式學問均有涉獵。但是以論學立場而言，蓋利森就不願跟隨在學長孔恩後頭，要打出自己的天地，這可以說是做一流學問必走的路。

蓋利森在 2003 年又出版了《愛因斯坦的時鐘與彭卡瑞的地圖：時間帝國》(*Einstein's Clocks, Poincare's Maps: Empires of Time*) 一書，談論書中主角愛因斯坦與彭卡瑞創建狹義相對論的時空背景。蓋利森的論點是在創建狹義相對論這件事上，哲學、科學、技術三者是混在一起的，即「器物」與「思想」不能分開看待。他以翔實的故事說明在 19 世紀末，由於交通、電信的發達，校準各地的時間成為一件重要（也是有利可圖）的事。愛因斯坦與彭卡瑞兩人的工作恰好都牽涉到了校時：愛因斯坦在專利局得要審查用電來驅動和校正的鐘；而彭卡瑞則主持法國全球領土的測量，所以得要知道精確的經度與緯度，因而得要比較相隔很遠兩地的在地時間 (local time)。蓋利森想強調在愛因斯坦與彭卡瑞的腦中，既有（傳統上已認知的）哲學和科學，但也有很大的技術成分。

針對蓋利森這本書，戴森 2003 年底在《紐約書評》(*The New York Review of Books*) 發表了一篇文章，反對蓋利森的結論。戴森說我們不要忘記愛因斯坦與彭卡瑞兩人雖然都得到了正確的狹義相對論公式，但是只有愛因斯坦提出革命性的相對時空觀。彭卡瑞仍然相信古典的「以太」(ether)，從未接受或理解狹義相對論裡真正有趣的觀點。戴森說愛因斯坦與彭卡瑞都「同樣能掌握現代技術，也都喜歡哲學思考，但接受新概念的程度卻不一樣。」所以兩人的分野的確是在思想（觀念）層面上頭。也就是說，起碼在狹義相對論這個例子上，「孔恩是對的，1905 年的科學革命是由觀念而非工具推動出來的。」

科學事業非常複雜，可採用的觀點很多，將來大約還會有其他人跳出來說蓋利森固然不完全對，戴森的見解也有商榷的餘地。

# 前輩之言

2003 年底，著名的科學雜誌《自然》(*Nature*) 刊登了物理學家萬伯格當年夏天在加拿大麥吉爾 (McGill) 大學畢業典禮的講辭。萬伯格在 1979 年因開創粒子物理標準模型之功而與他人分享諾貝爾獎。在研究工作之餘，他頗勤於教科書與科普的寫作，所寫的幾本書如《最初三分鐘》(*The First Three Minites*)、《重力與宇宙論》(*Gravitation and Cosmology*) 都叫好又叫座。他刊登在《自然》的這篇講辭題目是「四個黃金經驗」(Four Golden Lessons)。依《自然》編輯的按語，文章的目的在於「提供建議給科學生涯剛起步的學子」。

萬伯格的第一條黃金經驗是，不要想在弄懂一切已知的東西（這是不可能的）之後才開始做研究；也就是說你可以邊做邊學——想學游泳的話就直接跳入水中。第二條經驗是如果你還沒沉下去，就朝最波濤洶湧的方向游去。他的意思是要在最渾沌不清的研究領域裡找題目，不要留在美好寧靜卻大局已定的老領域。第三（萬伯格說這第三條教訓或許最難接受）、不要擔心浪費時間，因為我們已經不是在解習題。在真實的研究世界中，我們很難知道什麼是重要的問題，哪些問題又是在當下可以解決的。你在實驗室與書桌前的絕大半時間是浪費的。第四、學一些科學史，或起碼你那一行的一些歷史。原因是一來科學史對於你的工作可能有幫助，更重要的是科學史讓你知道自己的工作在人類文明中的價值——否則你可能會因為科學生涯既不能名利雙收，你的親友又多半不了解你在做什麼而覺得沮喪。

以自身經驗為本寫書或文章給後輩建議的大科學家當然不止萬伯格一人（誰不好為人師呢?）。舉個例子，發現雙螺旋結構的華生 (J. D. Watson, 1928- ) 在 1993 年 9 月 24 日那一期的《科學》(*Science*) 雜誌中，也提出他的「科學成功之道」(Succeeding in Science: Some Rules of Thumb) 給學生參考：第一、遠離笨人 (Avoid Dumb People)，永遠找比你聰明的人。我相信在華生心中，他與克立克 (F. Crick, 1916- ) 成為搭檔就是第一條規則最佳的例子。第二、想要有大成就，必須有可能惹上大麻煩的心理準備——你或許得違逆你的上司。第三、遇到麻煩的時候，要確定有人能救你一把。華生說他與克立克在起步的時候，還好有資深的裴魯茲 (M. Perutz, 1914-2002) 與肯祖 (J. Kendrew, 1917- ) 保護他們。第四、千萬不要做覺得無趣的事。要有智性上的夥伴（例如克立克碰到數學難題的時候，就經常找一位好友幫忙），同時要常把你的點子拋出來讓人批評。第五、你必須能和人相處，能和你的對手聊天；如果受不了你的同行，趕快退出科學。

我們可以看出萬伯格與華生的建議雖不盡相同，但大致上都鼓勵後進勇於與眾不同，因為他們二人心目中的科學是一流的科學。但畢竟不是每個人都和華生一樣「想有大成就」，所以這些建議不見得是人人可以遵循的。我們也可以從萬伯格的第一條黃金經驗看出自然科學與人文學科的不同。我相信只有在科學裡，人們不必懂太多就可以有正面的貢獻。其原因之一當然是科學大致上已成熟，已有典範可循。我猜想人文學科的教授應該比較不會想到用「你不用懂很多東西就可以做研究」來勉勵學生。

達爾文曾說他的《物種原始》一書本身就是「一長串的論證」(One Long Argument)。其他一流的科學作品如廣義相對論也莫不是如此。然而一般科學研究所牽涉的論證其實都不長，但是因為大家的成果可以一點一滴地累積起來，仍可集合成壯觀的體系。因此科學家的確可以「邊做邊學」地做出成績來。甚至偶爾科學家在沒有任何合理的推論之下，就歪打正著地找到答案。可是「歪打正著」對於人文學者而言，恐怕是比較陌生的概念。

萬伯格認為科學工作者都應該懂一些科學史，這是很有品味的看法。科學的意義的確應該透過科學史來了解。科學史不折不扣是個跨領域的學問，照理說應該是通識教育的核心課程之一。可惜臺灣目前還汲汲於追求時髦的科學題目，沒有空暇培養品味，所以還不太在意我們科學史的人才其實屈指可數。臺灣學生如想深入了解 17 世紀科學革命，是找不到課上的。

# 物理之後

牛頓的曠世巨著《自然哲學的數學原理》不容易讀，尤其是裡頭漂亮的幾何證明，若沒有相當好的數學根基、智力、與耐心，根本無法參透。不過書中還是有一些精采的觀念解說，不需要什麼數學知識就可以欣賞。譬如說，牛頓為了闡釋絕對運動的本質，用了一個相當獨特的方式來說明，這段敘述（見《原理》最新英文譯本，美國加州大學出版社 1999 年印行，譯者是寇恩 (I. B. Cohen, 1941-2003) 與惠特曼 (A. Whitman, 1937-1984)，第 412 頁）現已成為經典，常被教科書引用：「一個水桶用一條長繩吊著，然後旋轉水桶，直到繩子絞緊了。接著把水桶加滿水，水和水桶都是靜止的，然後瞬間施一(小)力讓水桶反向旋轉，當絞緊的繩子鬆轉開來，水桶就跟著轉，這樣的旋轉會持續一會兒。桶中的水最初還保持旋轉前水平的樣子，但是漸漸地水桶會施力於水，讓水也跟著轉；結果中心處的水就凹下去，而靠近水桶的水就升高起來，形成一個凹面（我看過這個情形）。當轉速越快，周圍的水就升得越高。水之所以升高，原因是它想離開旋轉中心。從這種情況，我們可以找出以及測量，水的真實與絕對的圓周運動。」

牛頓所描述的這個現象大家並不陌生，但卻深具意義，為什麼？讓我稍微說明其來龍去脈：《原理》一書意在建立力學體系，也就是物體的運動規律，所以牛頓得先講清楚到底什麼是「運動」？大家都知道等速的物體運動並沒有絕對的意義，例如對於坐在等速前進火車中的旅客而言，月臺上的椅子是以相同的速率逆向而動，但是對於月臺上的旅客而言，椅子是靜止的。所以如果談到「位置」、「速度」這些量，我們得先說明白究竟是相對於哪一個座標而言的；當你說自己是靜止的，(等速運)動的是別人的時候，別人也可以說他是靜止的，動的是你；觀察者與被觀察者是對等的。

但是牛頓知道某些運動狀態其實有其絕對意義，例如前面提到的旋轉水桶。如果水桶在轉，我們會看到呈凹面狀的水面，但如果水桶靜止不動，而是我們繞著水桶轉，我們並不會看到水面凹下去。我們可以從水面是否凹陷下去來判定水桶是否真的在旋轉。牛頓提出了「絕對空間」的概念，認為旋轉的水桶乃是針對這個「絕對空間」而言的。因此在牛頓力學中，旋轉運動（一種加速運動）和等速運動兩者有本質上的差異。

真的是這樣嗎？奧地利物理學兼哲學家馬赫不認同

牛頓的看法。他說如果宇宙空無一物，一個旋轉水桶裡的水並不會凹陷下去，因為沒有任何其他物體可以當做參考標竿來讓我們判定水桶是否在旋轉，也就是說他不承認加速運動和等速運動有本質上的差異，也不接受所謂的「絕對空間」。馬赫當然知道如果我們繞著水桶轉，我們並不會看到凹下的水面。但是他認為如果整個宇宙能跟著我們一起繞水桶轉，那麼水面就會凹下去。馬赫的這些見解非常深刻，曾經影響年輕的愛因斯坦。但是馬赫與牛頓的歧異沒有辦法以實驗分高下——誰能讓宇宙空無一物，或是讓宇宙也跟著我們繞著轉？所以這類問題屬於「形而上」(metaphysics) 範疇。

"metaphysics" 這個字的本意是「物理之後」，據說是因為後人在整理哲人亞里斯多德於形上學這一方面的專論時，恰好將其放置到「物理」(physics) 這一科之後，所以就這麼稱呼起來。當然就意義而言，形上學本來就是在處理物理（自然）之後或之外的問題，所以將形上學稱為物理之後也算恰當。愛因斯坦建構廣義相對論的部分動機在於企圖實現馬赫的觀點，愛氏的等效原理（也就是重力與加速度的等價關係）也有些許馬赫觀點的味道在內，有一度他還以為廣義相對論可以證實馬赫關於「牛頓的水桶」的預測，其實最後的理論在旋轉的水桶這件事上還是站在牛頓這一邊。儘管馬赫的想法沒有完全融入廣義相對論，這些哲學上的思辨對於物理的進展仍有其貢獻，所以物理之後的學問有時還得擺在物理之前。

馬赫雖然在科學上有可稱道的成績（例如大家熟知的「馬赫數」——物體速度與聲速的比值——就是以他為名），他主要的成就仍是在科學哲學方面。他是有名的實證論者 (Positivist)，曾經積極反對原子論，原因是原子無法直接驗證，是不必要的假設。這個立場讓他跟另一位奧地利物理大師波茲曼 (Ludwig Boltzmann, 1844–1906) 成了學問上（據說也是私人關係上）的敵手。

8 年前年輕的哥倫比亞大學物理教授葛林 (Brian Greene, 1963– ) 出版了暢銷的《優雅的宇宙》(*The Elegant Universe*)，對大眾宣揚迷人的弦論，一時洛陽紙貴。後來葛林趁勝追擊，又發表了《宇宙的材質》(*The Fabric of Cosmos*)。這本書有五百多頁，內容相當紮實。葛林一開始就從「牛頓的水桶」講起，這是頗大膽的做法——他顯然不願低估讀者的智慧，決定帶他們深入物理上微妙的爭論，葛林對於自己「藝高」的信心也可見一斑。

# 熱情與理智

哥德爾 (©Getty)

哥德爾 (K. Godel, 1906–1978) 是上一世紀最著名的邏輯學家。他的成名作是 1931 年所提出的「不完備定理」(Imcompleteness Theorem)。這個定理震撼了當時很多專家，影響非常深遠。它主要的意思是在任何足夠複雜的公設系統之中，總有些敘述無所謂真偽可言，也就是說這些敘述不能用系統中的公設來證明其對錯。更大略的講，哥德爾證明了有些「真理」是無法證明的。這樣一號人物的思考能力顯然是過人一等，據說他在入美國籍時，因為得閱讀美國憲法，竟然發現了美國憲法的矛盾之處！對於常人來說，他應該就是「理智」的化身。

哥德爾從 1940 年代起就落腳於位於美國普林斯頓

的高等研究院，和愛因斯坦成了好友。兩人的性格其實很不一樣，但朋友說「他們相互了解，彼此尊重，有溫暖密切的友誼」。哥德爾後來還受愛因斯坦影響，研究起廣義相對論，得到了相當有趣的結果。有意思的是，這一對學問夥伴卻有著南轅北轍的政治立場。愛因斯坦的一位助理史特勞斯 (E. G. Straus, 1922–1983) 曾回憶道，1952 年美國總統選舉過後，愛因斯坦對他說：「你知道，哥德爾真的完全瘋了——他的票投給了艾森豪 (D. D. Eisenhower, 1890–1969)!」

愛因斯坦是有名的和平主義者（儘管他曾致書羅斯福總統 (F. D. Roosevelt, 1882–1945) 建議美國發展原子彈），當然不會支持軍人出身又代表保守共和黨的艾森豪，而會支持自由派的史蒂文森。從愛因斯坦的話看來，他顯然不能理解聰明的哥德爾怎麼會這麼「糊塗地」選錯邊。不過後來哥德爾對於他的選擇還相當滿意——他覺得艾森豪對於韓戰以及軍事預算的處理還不錯。

蘇格蘭哲學家休謨的名著《論人性》(*A Treatise of Human Nature*) 中有句話常為人討論：「理智是、也應該僅是熱情的奴隸。」(Reason is, and ought only to be the slave of the passions.)（見《論人性》Book 2, part 3, sect. 3）。他這麼說的理由之一是單單理智本身並不會導致行動，或是意志力。既然行動一定得依賴熱情，所以都有不可避免的主觀因素，故「先射箭，再畫靶」也可說是普遍的人性之一。我最初聽到這句警言時，覺得休謨果真犀利，的確有見地。當然，理智與熱（感）情的關係複雜，不可能讓一句話說盡一切，不過休謨的觀察大抵還是碰觸到了較深刻的東西。

所以愛因斯坦和哥德爾兩位人類智慧的象徵，會對政治下出相反的選擇，並沒有可以太令人訝異之處——他們的熱情所在當然不一樣。我曾經在國內不同場合聽到一些知識分子在感嘆臺灣民眾「沒有理性」(瘋了)，意思當然是這些民眾的政治判斷和他們的不一樣，其實比較「有理性」的知識分子是否就比較高明還很難講。

但是還是有些人對於理智與熱情的分際採比較謹慎的態度，一個例子是物理學家費曼。他在 1967 年越戰正酣之際，接到連署一份聲明的邀請。當時美國想藉由拉高戰爭層級來迫使北越走上談判桌，但是許多自由派知識分子認為美國的作為反而阻礙了談判之路，所以發表聲明表達反對自己政府的立場，連署者包括知名的馬龍白蘭度 (Marlon Brando, 1924-2004)、喬姆斯基 (N. Chomsky, 1928- )、蘇珊宋塔 (Susan Sontag, 1933-2004)、以及費曼好友名物理學家外斯可夫 (V. Weisskopf, 1908-2002) 與莫瑞森 (P. Morrison, 1915-2005) 等人。

費曼給主事者回了一封信，裡頭說:「我很願意簽上我的名字，因為我完全同意它的精神，尤其是最後一段話。(聲明中的這段話是說人們對於這場羞恥戰爭表示憎惡，不應被認為是反美的行為，這其實反而是支持了他們所熱愛與驕傲的美國。）不過不幸地，我並不熟悉拉高戰爭層級會破壞談判這種講法的證據。當然，擴大戰事並沒有達成「逼迫」河內上談判桌的企圖——但是我還沒了解整個狀況，所以不確定如果戰事不擴大仍真的有談判的可能。依我所見，河內從來就沒有要和談的政策——不過這不應構成我們跑去那裡又摧毀了我們宣稱要拯救的東西的理由。我對於自己的立場還不確定，所以不能簽上我的名字，我也很懊惱自己是這樣子。」費曼最後說他只能附上一張支票表示心意。

費曼的座右銘是「你管別人怎麼想」，一向只會自得其樂。可是無論什麼事都不願意負責任的他，居然還很謹慎地表達遺憾，不能跟大家一起連署他也很同情的聲明，實在有些令人意外。

# 人本原理

克普勒在提出令他永垂不朽的行星運動三大定律之前，曾經著迷於一個問題：「為什麼太陽系有六個行星（當時人們所知道的行星只有看得見的水星、金星、地球、火星、木星、土星等六個）？」1595年的某一天，他正在對學生上數學課，忽然間得到了靈感，認為答案是「因為能夠同時具有外接球與內切球的正多面體只有五種（它們是四面體、立方體、八面體、十二面體、二十面體），而這五種所謂的柏拉圖立體 (Plato solid) 正好一一嵌入六個行星運動的各個球之間。」只有不尋常的頭腦能夠想到這樣有意思的問題與答案。

以今天的「後見之明」來看，克普勒的問題與答案都是沒有意義的：第一、我們今天已經知道行星其實不只六個，還有天王星、海王星等等。第二、從柏拉圖立體所推論出的行星軌道半徑根本與真實的觀測結果不符。第三、我們今天已經有了一套很成功（由牛頓首先創立）的古典力學體系，在這個體系之中，行星的軌道半徑是由所謂的起始條件 (initial condition) 決定的，半徑的大小本身並沒有什麼獨特性可言，不需要特別的解釋。如果地球的軌道半徑比目前還要小一些，一點也沒有違背牛頓力學原理。

只有在特定的理論架構中，我們才能決定何種物理量是可以解釋的。如果沒有理論，就無法做這種劃分。克普勒不知道古典力學，當然就不知道他問「錯」了問題。多數物理理論（模型）都有或多或少的參數，這些參數只能由實驗來決定，不是理論自身可以解釋的量。當然，某個理論的參數可能可以用更深一層的理論來說明。例如，非常成功的基本粒子理論「標準模型」就約有二十個參數，像夸克的質量、輕子的質量、各種交互作用的耦合係數等等，它們的大小目前都還無法解釋。不過如果我們跳出標準模型的架構，找到了另一個涵蓋更廣的模型，或許就可以說明夸克的質量為什麼是如此這般。

近代物理的一個特色就是把運動方程式（動力學條件）與起始條件區分開來；在牛頓之前，人們沒有運動方程式的概念，當然就不了解這一點。科學的進展的一個方式就是藉由更深一層的理論來解釋前一層的未知常數。但是究竟有沒有這種更深一層的理論存在，在找到之前，誰都不敢說。說不定標準模型中的未定參數正是和行星軌道半徑一樣，沒有解釋的必要。

可是還是有人認為像行星半徑或耦合係數這類的參數並不僅是沒有什麼道理可說的起始條件而已，這些人提出了一種看法，那就是「人本原理」(anthropic principle)。這個原理大致上的意思是「自然定律應該允許有智慧的生物出現」。人類當然可算是「有智慧的生物」，所以就人本原理的理念而言，解釋地球軌道半徑大小的方式就是：如果不是這樣，地球表面的溫度就會更高或更低很多，有智慧生物就不可能存在。或者說，在眾多可能的半徑中，只有這種半徑才允許類似人類的生物出現。可是這樣的「解釋」會引起「這哪算是科學原理?」的質疑，也就是說，這樣的「原理」有所謂對錯可言嗎？支持人本原理的人會說，有的，它有對錯可言——如果地球的半徑恰好使得地球的平均溫度剛剛好是攝氏五十度，一點不多，一點不少，那麼人本原理就不能適用於地球半徑上，因為很明顯必然存在另一種因素，否則不能說明正好五十度這項「巧合」。

人本原理是近來理論物理學家的熱門話題之一，爭議的焦點是「宇宙常數」(cosmological constant) 的大小。原本物理學家認為這個常數應該為零，但是現在出現了一些觀測證據，認為宇宙常數並不是零但也不是太大。可是我們目前的理論完全沒有法子說明它為什麼是如此。所以有一些人就認為宇宙常數的值只能用人本原理來解釋，因為這個常數如果過大，宇宙的面貌會完全變了樣，而容不下「有智慧的生物」。反對的人則認為這樣是失敗主義，我們還沒有到那一地步，宇宙常數和行星半徑不同，應該有「科學」上的解釋，我們不要用人本原理來掩飾自己缺乏想像力。

# 天馬行空

前些時候，我在某個場合演講愛因斯坦相對論中的時空觀，對象是一般民眾。為了具體地說明彎曲時空的效應，我在演講中提到在台北 101 大樓頂層上班的人會比在底層上班的人老得快。一位朋友在報上讀到了演講的報導，懷疑我是不是講反了，因為他一直以為是住在高處的人老得慢，他的這種印象是從《愛因斯坦的夢》(*Einstein's Dreams*) 這本著名小說得來的。

我並沒有說錯：根據愛因斯坦的廣義相對論，物質決定時空曲率，因此時鐘的快慢（與尺的長短）會受到物質的影響；在地表附近，時空曲率較大，時鐘會走得較慢，反之，離開地表越遠，曲率越小，相對而言時鐘就走得較快。不過由於地球的質量不是太大，高處與低處時鐘快慢的差距極微。以具體的數字來說，台北 101 頂樓的鐘每一世紀僅會比地面的鐘快約萬分之一秒而已。事實上，這個微不足道的差距是可以量出來的。例如哈佛大學的龐德 (R. V. Pound) 與芮布卡 (G. A. Rebka, Jr.) 在 1960 年就利用光學方法，首先對高度相差約二十公尺的鐘量出了它們的快慢差別。

無論如何，我聽了朋友的疑惑，當然趕緊去翻《愛因斯坦的夢》。果然，作者萊特曼 (Alan Lightman, 1948- ) 在書中「1905 年，4 月 26 日」這一章裡說「科學家發現離開地心越遠，時間流逝地越慢，這效應非常小，但是極敏銳的儀器可以量出來」，因此「有些想保持年輕的人便搬到山上去住」，以至於「高度成了一種地位」。有人就誇耀「他們一輩子都住在高處，他們是生在最高峰上的最高屋子裡，從沒下來過」。有時候人們不得不下山處理緊急事務，他們便匆忙地從梯子下到地面，辦完事後又匆忙地回家；人們在地面上從不坐著，他們都跑著。他們知道「梯子每往下一步，時間就會過得快一點，他們也就老得快一點」。久了以後，人們已忘了住在高處的理由，「但是他們繼續住在山上，……教導他們的小孩要遠離其他低窪地的小孩，他們習慣性地忍受高山的寒冷……，甚至相信稀薄的空氣有益身體，最後他們就變得輕如空氣，變得瘦骨嶙峋，提早衰老。」

萊特曼這篇寓言的涵義相當清楚，至於他為什麼故意要用錯誤的科學來呈現意念，只有他自己知道答案，不過我們可以猜他是為了文學美感上的考量才這麼做的。萊特曼原本是天文物理學家，從小就同時喜歡科學與藝術，高中時期既做火箭也寫詩。他於一篇〈寫小說的物理學家〉(收錄於《時空的未來》(*The Future of Spacetime*) 一書中) 的文章中說他在拿到理論物理博士七、八年後才出櫃公開其文學興趣，寫起科學散文。他發現散文是非常有彈性的寫作方式，「既可以是知識性的，也可以是哲學性的，或私密性的或是詩意的」。過不久，他就試著寫「可以稱為寓言的東西，亦即半是事實、半是虛構的文章。這些文章仍和科學有關，但是有些拐彎抹角。」萊特曼說「科學是隱喻、是一種世界觀」，數年後他就完全放棄與真實的關連，寫起全然虛構的小說。現在他是美國麻省理工學院的寫作教授。

科學與文學在一般人的認知中有相當大的差異：一邊是理性的，另一邊是直覺的；一邊是確定的，另一邊是不確定的；一邊是線性的，另一邊是非線性的；一邊是分析性的，另一邊則是創造的。但是有些內行人或許會提醒我們科學其實也是一種創造，也和文學一樣需要極高的想像力，兩者並沒有那麼不同。

不過科學中的想像似乎還是與文學或藝術的想像不一樣：正如費曼所說的「在科學中，我們的想像必須和已經知道的其他一切不相矛盾。我們不能容許自己去認真想像那些和已知自然定律相牴觸的事物。所以我們這一種（科學）想像是一種不容易玩的遊戲，一方面得要有足夠的想像力去看到從來沒有被人看過、聽過的東西，一方面這些想像又受到我們關於自然已有的知識的限制……，實在是困難極了」，然而文學的想像似乎就不用受到所謂「自然定律」的限制。例如，前面萊特曼的寓言小說不就把科學事實倒過來講嗎？

任何想像如果真的可以天馬行空，不必受到一絲拘束，當然也就沒有什麼難度可言，然而大約沒有小說家會同意文學上的想像是容易的事。所以文學想像必然也有其限制，可是這些限制在哪裡？萊特曼既然曾嘗過科學研究與文藝寫作兩者的滋味，對於科學與文學這兩類想像的比較，自有些第一手心得可言，而他對於上面的問題當然也有值得旁人參考的答案。

萊特曼於〈寫小說的物理學家〉一文中宣稱對於小說家的想像設下框框的是「稱為人性的東西」，也就是有關人類行為、心理、情緒的各種「事實」。他用一個例子來說明他的觀點，這個例子來自文學大師喬伊斯(James Joyce, 1882-1941)的一篇著名小說。這篇小說名為〈死者〉(The Dead)，是《都柏林人》(*Dubliners*)這本小說集的末篇。〈死者〉的故事大

喬伊斯 (©AFP)

約是這樣子的：男主角嘉布瑞爾 (Gabriel) 年約 40 歲，帶了太太葛芮塔 (Gretta) 去姨媽家參加聖誕派對。嘉布瑞爾的母親已過世，姨媽很喜歡他這個外甥。這場派對是年度盛事，大家唱歌跳舞歡聚一堂。嘉布瑞爾得在晚宴上講話，但他並不是太自在，一直在擔心會不會講得不好。

派對過後，嘉布瑞爾與太太兩人回到旅館。下馬車時葛芮塔輕靠在嘉布瑞爾的臂上，就好像兩人在派對中跳舞那樣；當時嘉布瑞爾已覺得既驕傲又快樂，因為優雅的葛芮塔是他的，這時嘉布瑞爾更加感受到對於她的愛意與慾念，彷彿兩人已逃離了日常生活與責任，把小孩與俗務放在一旁，以熾熱的心逃向新生活。但是進了房裡，葛芮塔似乎有些心不在焉，對他的心意全然沒有反應，不知在想些什麼，令他有些懊惱。

幾次地詢問之後，葛芮塔才哭著說她正想著派對上聽到的一首歌，這首歌引她想起很久以前認得的一個男孩子，這男孩有又大又黑的眼睛，常唱這首歌。嘉布瑞爾開始感到不舒服，甚至憤怒。他進一步追問那男孩是否是她的愛人，葛芮塔只說「我常和他一起散步」，「那時和他很好」，再追問之下，她說男孩有些纖弱，在煤氣工廠上班，早就死了，死的時候才 17 歲。為什麼死的？葛芮塔回答：「我猜他是為我而死的」，聽到這樣的答案，嘉布瑞爾一時覺得被什麼東西撲了上來，只能用理智勉強挺住。漸漸地，葛芮塔哭著睡著了。

小說至此，如果你是喬伊斯，你該怎麼下結局呢？萊特曼說有幾種可能：其一，嘉布瑞爾完全沒有反應，但是依據我們的人生經驗，這樣的結局很假；另一則是嘉布瑞爾覺得自己優於她死去的情人，全無所謂葛芮塔的懷念，但這種反應也很假；或是嘉布瑞爾大為光火，把葛芮塔的坦白當成是通姦，而要離開她，這的確是一種可能的結局，但是卻和我們所讀到的嘉布瑞爾格格不入。

喬伊斯所選的結局是：嘉布瑞爾體認到他太太所真正愛的是這個早已死去的男孩——一個為她而死的男孩。他自己在葛芮塔的生命中，其實無足輕重，而他也從來未像那 17 歲男孩那般地對待過任何一個女人；嘉布瑞爾只能靜靜地看著睡著的葛芮塔，彷彿兩人從沒像夫妻似地住在一起。萊特曼說：「我們相信這個結局，我們知道它是真的——即使在小說中，因為它和我們所知的人性、我們的個人經驗相符。而且它讓我們痛苦。」

所以儘管小說家的故事不必如科學想像那樣必須全然符合「自然定律」，也無所謂對錯可言，但是依萊特曼的看法：「這些故事可能因聽起來虛假，而失去了它的力量。小說家以這種方式，不停地以讀者所累積的生活經驗來檢驗他的故事。」

研究喬伊斯藝術手法的人都知道他常把人生經驗寫進小說之中。以〈死者〉為例，嘉布瑞爾就是他自己，葛芮塔則是影射他同居女友娜拉 (Nora)。喬伊斯曾相當忌妒娜拉認識他之前所交往的幾個男孩子，其中兩位確實早逝。因此我們如果問喬伊斯的故事為什麼那麼有力量，答案就是這些故事都是從真實事件上所成長出來的藝術品，當然不會虛假無力。就「受自然的約束」這一點來看，科學想像和某些高明的文學想像其實是非常類似的。

# 費米的自知之明

2002 年底楊振寧在臺灣大學發表了一場演講，題目是「我所認識的一些物理學家」(演講紀錄刊登於《物理雙月刊》25 卷 5 期)。演講的主要內容是一些他自己接觸過的 20 世紀大物理學家如包利、狄拉克、費米、海森堡、愛因斯坦等人的軼事，其中有一段關於他老師費米的故事特別引我興趣。這故事是歐本海默告訴楊的：二次大戰之後，美國成立了原子能委員會（Atomic Energy Commission，簡稱 AEC）以掌管與原子能有關的事物。這委員會之下還有一個由總統任命的顧問委員會（General Advisory Committee，簡稱 GAC)，成員是科技專家，任務是對 AEC 提供技術指導。GAC 成立於 1947 年，歐本海默是 GAC 的第一任主席，費米是原始成員之一。1950 年，費米任期屆滿要辭職不幹。歐本海默為此專程到芝加哥大學拜訪費米，想說服他留任。費米堅持不肯，他對歐本海默說：「你知道在這些政治事務上，我對自己的意見沒有完全的把握。」歐本海默聽了很感動，所以告訴楊這件事。楊評論說「我想一百個物理學家裡頭，恐怕只有一個人會辭掉這麼重要的一個聘任。」

費米 (©AFP)

費米是 20 世紀難得一見的物理學家，一般認為他是最後一位於實驗與理論兩種工作都能有頂尖成就的人。楊振寧描述他「矮矮的，很結實的人，也很堅實穩重，他不論做人與做物理都是這樣的。」他在曼哈坦計畫中負責實驗部門，是計畫核心人物；他對任何事情的意見都很受重視。

1945 年 7 月，曼哈坦計畫在起步約三年之後終於成功——原子彈造出來了。但是接下來的問題並沒有更容易：該不該將這些原子彈派上用場？那時納粹德軍已經敗亡，所以當初製造原子彈的假想目標已消失。不過日本還在負嵎頑抗，美軍傷亡仍大，尤其是美軍萬一不得不登陸日本本土的話；如果將原子彈轉用於日本說不定可以提前結束戰爭，減少傷亡。但是原子彈的威力非同小可，一定造成重大傷亡，美國如成為第一個使用原子武器的國家，在道德立場上恐怕受人非議。

美國政府成立了一個臨時委員會來考慮是否該用上原子彈。委員會主席是戰爭部長史汀生 (H. L. Stimson,

1867-1950)，成員包括哈佛大學校長、麻省理工學院校長、海軍次長、科學研究辦公室主任等人。這委員會指派了一個科學顧問組提供諮詢，四位成員是歐本海默、費米、羅倫斯、康普頓；這四個人除了歐本海默之外，都是諾貝爾物理獎得主。臨時委員會最終建議杜魯門(Harry S. Truman, 1884-1972)總統「應該盡快用原子彈對付日本」。

曼哈坦計畫總負責人葛羅伏斯後來認為與其說杜魯門總統「同意」了投擲原子彈，不如說他沒有「反對」這麼做；在當時無論任何人都得有極大的勇氣才能說「不」(見敘述原子彈歷史的《比一千個太陽還亮》(*Brighter Than a Thousand Suns*) 一書)。科學顧問組的智者顯然也沒有勇氣反對這項建議。

不過當時仍有不少科學家反對投擲原子彈，例如當初鼓動愛因斯坦上書羅斯福總統重視原子能研究的齊拉德 (Szilárd, 1898-1964) 就取得了數十位科學家的連署，呼籲杜魯門千萬要慎重。這些人準備了一份報告反對臨時委員會的建議，他們認為「不預警地對日本使用核子武器是不恰當的」。如果美國這麼做，她會失去全球的支持，而且促發軍備競賽。

費米很清楚齊拉德的立場，他私底下或許也頗同情齊的作為，畢竟這是關乎無數生命的事情。但是費米從未對於這些「政治問題」公開地表達他的觀點。認識他的人認為他的性格不允許他公開反對科學顧問組其他成員的意見。我相信費米一定有過心靈上的掙扎，也了解人間事務的微妙與複雜。他後來選擇退出 GAC 說明了他很在乎這些道德問題，也自知對於這些問題沒有過人的想法。

廣島長崎原爆之後，歐本海默與杜魯門總統見了面。歐對杜說：「我覺得我們手上有血。」杜回答說：「不用擔心，它會洗掉的。」事後，杜魯門寫信給朋友說歐本海默是個：「哭鬧的科學家……來我辦公室……一直告訴我他們手上有血因為發現了原子能。」杜魯門顯然受不了歐本海默拿不起放不下的心情，畢竟杜魯門才是老闆，跟他談「手上的血」，只有自取其辱而已。沒有政治權力慾的費米是不會讓自己處於這種情境的。

# 又見費曼

20 世紀傳奇物理學家費曼過世雖已十餘年，聲望並沒有消退，反而還扶搖直上。證據之一是這十幾年來書市出現了近十本與他相關的書，其中包括三本傳記、兩本演講集、一本他的「最後旅程」故事、兩本專業性講義等等；顯然讀者對於費曼傳奇的好奇心還是大得不得了。無論費曼是如何有意思的人物，在這麼多本書問世之後（加上費曼生前出版的暢銷書《別鬧了費曼先生》），我原以為再也沒人能推出什麼精采的新鮮故事了。沒想到 2003 年底一位好萊塢劇作家墨羅迪瑙 (L. Mlodinow, 1954- ) 出版了一本一百七十頁的小書——《費曼的彩虹》(*Feynman's Rainbow*)，講述他在 80 年代初與費曼交往的故事，內容出乎我意料之外的有趣。

墨羅迪瑙其實有個加州柏克萊大學物理博士學位，所以他後來以寫作為生算是轉了行。他在 1981 年夏天拿到學位後，接受加州理工學院邀請前去擔任博士後研究員。加州理工學院是世界頂尖的科學研究中心，教員中獲諾貝爾獎的比比皆是，尤其是擁有兩位當代物理才子費曼與葛爾曼作為鎮校之寶，更是難得；有科學野心的年輕人莫不企盼可以到那裡一展身手。墨羅迪瑙能夠得到為人稱羨的職位，原因在於他的博士論文曾為理論物理大師維頓在一篇介紹性文章中引用，使他身價頓時倍增，才能進入加州理工學院。

但是他雖來到天堂卻有些猶疑，他擔心自己究竟有沒本事能在這裡優游自在？博士後研究員是世界上最好的職位，因為你擁有百分之百的自由，沒有任何義務——不必教書也不必參加煩人的委員會。唯一的缺點就是這並非永久職位，兩年後你得另謀生路；你如果在這兩年沒有出色的研究表現，你就找不到下一個工作，只能退出學術圈。墨羅迪瑙很清楚自己的處境，博士論文雖然還不錯，但是不知道以後能否再做出類似水準的東西；他的麻煩在於想不出什麼新點子，沒有可以下手的好題目。如果你還沒有拿到博士學位，你或許可以去找指導教授要題目做，但是你現在已畢業了，別人就沒有義務救你。由於墨羅迪瑙自己無法光從聽演講或閱讀論文得到靈感，還是只得找別人幫忙，只不過他不能表現得太急切，以免為人看破手腳。

費曼當然是他求助的對象之一。當時費曼剛動完癌症手術，看起來很蒼老，瞧不出「偉大」的模樣。墨羅迪瑙還不至於想從費曼那裡討到一個具體的問題做，而是只想了解:「我如何知道自己夠不夠聰明可以待在這裡?」他不敢直接拿這問題問費曼,只好不斷地找各種機會和費曼聊天,希望能參透一些做研究的奧妙。他斷斷續續得知了費曼的一些看法,例如費曼不認為科學家和一般人有什麼很大的差異,科學工作需要推理與想像,日常事物也需要推理與想像,科學家至多是比平常人更「畸形」地日復一日思索同樣的問題,就好像健美先生不停地鍛鍊肌肉,兩者一樣都是在追求人類能力的極限。

墨羅迪瑙發現費曼的「創造力與快樂」的重要來源是「對於自然與人生的各種可能性保持開放的態度」,所以對於費曼來說「玩性」很重要,只是當人們年紀大了,要保持玩性不容易。費曼曾經想過寫小說(他覺得《包法利夫人》(*Madame Bovary*) 是很棒的書),他最初以為這不困難,因為你可以隨意幻想,不比科學想像得受到限制;但是他卻發現構想不出很不一樣的故事,只得承認他沒有「輕易創造新故事的那種想像力」。費曼也承認儘管他很喜歡數學,他的興趣與能力在於應用數學來理解自然,而不是純數學式的論證。

費曼對墨羅迪瑙說有些時候研究的瓶頸在於不知道如何提問題,只要問對了問題,找答案並不困難。不過有時候問題很明顯,但是求解卻很困難。費曼會給自己打氣,他喜歡想像自己比別人多佔了些便宜,例如他會看到別人看不到的東西，或是他有別人不知道的技巧。費曼說他知道這只是自欺而已，但是他需要這樣的心理建設，否則何不等待別人去解問題就好？對墨羅迪瑙來說，費曼這番話等於在告訴他要了解自己的優點何在。

有一天，墨羅迪瑙碰見費曼很專心的在觀看彩虹。他問費曼誰是第一位解釋彩虹來源的人？「笛卡爾」(R. Descartes, 1596–1650) 費曼答，又反問「你認為彩虹的什麼特色引發了笛卡爾花時間去研究它？」墨羅迪瑙給了幾個答案，費曼都不滿意；最後費曼說：「我認為他的動機來自他認為彩虹很美。」費曼又問題目找得如何了？墨羅迪瑙答說不太順利，費曼要他回想在他小時候「你喜歡科學嗎？你的熱情在那裡嗎？」「當然」，費曼說「我也是，記得，科學應該是好玩的東西。」墨羅迪瑙和費曼雖然沒有很長的交往，卻受他影響很大。即便面對死亡，費曼還是好奇、好玩、不妥協。墨羅迪瑙最後放下了得失心，不再顧慮他人的期待，走上了自己的路。

# 刺蝟與狐狸

年已過 80 的名物理學家／作家／公共知識分子福里曼・戴森 2005 年底在《紐約書評》(*The New York Review of Books*) 這份學術氣味頗濃但又不至於嚴肅過頭的書評雜誌發表了一篇名為〈智者〉(Wise Man) 的文章，來評介《費曼手札》(*Perfectly Reasonable Deviations from the Beaten Track: The Letters of Richard P. Feynman*) 這本費曼書信集。

戴森原是英國人，年少時研讀數學，二次大戰後到美國康乃爾大學留學，改攻理論物理。他在那裡碰上了費曼，立刻為之傾倒。他幾年前替《費曼的主張》(*The Pleasure of Finding Things Out*) 這本書作序，裡頭這麼說：「我來美國之前從沒想到會在這片土地上遇見莎士比亞 (W. Shakespeare, 1564–1616)，不過只要見到他，我當然會毫無困難地將他認出來。」戴森因此「決定要充當現代強生 (Ben Johnson, 1572–1637)，把費曼當作我的莎翁。」誠然，戴森在物理上最出色的貢獻就是將費曼這位當代最富原創力理論物理學家的奇特想法傳播開來。因此作為

戴森(左)、斯坦伯格(中)與費曼(右)於 1955 年國際高能物理會議上的合影 (©Emilio Segrè Visual Archives)

頭號費曼迷的戴森親自出馬品評《費曼手札》是必然的事。

我先前也曾為《費曼手札》寫過書評，當然很好奇戴森會以什麼獨特的觀點下筆。《費曼手札》是費曼女兒米雪從她父親幾千份文件中篩選編輯出來的非學術性書信集。戴森說這本書出現的時候，「費曼的朋友與同事都大吃一驚，我們從沒覺得他是會寫信的人」，因為儘管費曼很愛溝通，也很能溝通，基本上他只是「述而不作」的人。他的書都是別人從他的演講（說故事）錄音或課堂筆記整理出來發表的。戴森說費曼說話的風格是「直話直說，生猛有力，從不講究形式」，而且他自己「還宣稱寫不出合文法的英文」。所以《費曼手札》可以說是揭露了費曼連親近朋友都未必知道的一面。

費曼親手寫的這些信絕大多數是給家人或從未見過面的人，內容大約是報告自己近況或回答外行人與學生關於科學以及前途的詢問。戴森說這些信是「清楚且合文法的英文」，裡頭沒有一絲炫耀的口吻。書中的費曼不是愛開玩笑的天才，而是了解生命疾苦的普通人，是位關心父母的兒子、關心太太小孩的父親、關心學生的老師、是位認真回答世界各地來信的作者。

戴森所說的這些，並沒有太令我驚訝，因為《費曼手札》所呈現的費曼的確就是這麼一位「智者」。不過戴森文章一開始提到了「愛因斯坦是隻刺蝟，費曼是隻狐狸」倒是讓我感到有些意外。這裡所謂的「刺蝟」與「狐狸」是一種比喻，很多人是從思想史家柏林 (Isaiah Berlin, 1909-1997) 一篇著名的文章〈刺蝟與狐狸〉學到了這種講法。柏林說這個比喻來自古希臘詩人亞基羅古斯 (Archilochus, 680 B.C.-645 B.C.) 的一句話：「狐狸知道很多事，但是刺蝟只知道一件事。」柏林將這句話詮釋為狐狸與刺蝟分別代表了兩種作家或思想家的類型：刺蝟型的人喜歡用某個核心的、基本的觀點去看待所有的事情，但狐狸型的人則是對很多事情有興趣，會追求很多目標，而且這些目標之間可能毫無關連，甚至相互矛盾。

柏林舉了一些例子：柏拉圖、但丁 (Dante Alighieri, 1265-1321)、巴斯卡 (B. Pascal, 1623-1662)、黑格爾 (G.

Hegel, 1770-1831)、杜思妥也夫斯基 (F. Dostoevsky, 1821-1881)、尼采 (F. Nietzsche, 1844-1900) 等大致上是刺蝟，亞里斯多德、蒙田 (M. Montaigne, 1533-1592)、莎士比亞、哥德 (J. Goethe, 1749-1832)、巴爾扎克 (H. Balzac, 1799-1850)、喬伊斯等則大致上是狐狸。從這個名單可以看出刺蝟與狐狸的講法其實有些含糊，柏林的例子不一定會獲得所有人的認可。不過這種分類還是有些意義，因為有些人的刺蝟味或狐狸味的確相當鮮明。總之，戴森把柏林的講法借來區分科學家，他說：「狐狸對所有的問題感興趣，可以從一個問題輕易地跳到另一個問題。刺蝟只對他們認為是基本的少數問題感興趣，同時會花上數年或數十年的時間在同一個問題上。」戴森又說：「多數的偉大發現是刺蝟找到的，多數的小發現則是狐狸發現的。科學需要刺蝟也需要狐狸才能健康成長，刺蝟深入了解事物的本質，狐狸則探討我們這神奇宇宙的複雜細節。」

在理論物理（尤其是基本粒子理論）學家社群當中，我們的確可以按照戴森的分類區分成兩群：一群比較注重「宇宙的複雜細節」，因此比較貼近實際的現象與數據，一般稱之為「現象學家」(phenomenologist)；另一群比較注重「事物的本質」，因此比較講究邏輯推理與理論結構的完整。儘管普通的理論學者大約都會被劃分到某一陣營，但是真正頂尖的理論學者，其實都是既注重細節也注重結構，因此無法簡單地說其為刺蝟或狐狸。對於愛因斯坦與費曼這種等級的學者來說，他們既是刺蝟也是狐狸。

如果以狹義相對論與廣義相對論來論愛因斯坦，他當然是刺蝟型的人。但是如以他獲得諾貝爾獎的光量子學說來論，則他恐怕就比較有狐狸味，因為光量子的說法在當時仍有許多矛盾待解決，只能算是一種「現象學」。同樣地，費曼的「路徑積分」(path integral) 毫無疑問是刺蝟型的作品，但是他關於「部分子（parton，構成質子的粒子）模型」的工作或是與葛爾曼合作的弱交互作用理論則是狐狸型工作。

不過我們還是可以問愛因斯坦與費曼以他們天生的氣質而言，究竟是比較像狐狸或刺蝟？我的答案是他們應該都是刺蝟，因為兩人都非常看重理論架構上的完整性，不會無謂地引入額外的假設，都喜歡由某種基本觀點將現象連繫起來。依據柏林的詮釋，這就是刺蝟們喜歡做的事。

至於戴森自己，則很明顯是隻狐狸。他在《太陽、基因組、與網際網路》一書中說自己原本研讀數論，但後來覺得數論中的問題「雖然優美，但卻不重要」，所以改行轉攻物理，成為一位「應用數學家」。戴森說他的職業生涯就是在「快樂地尋找我的數學技巧可以派得上用場的科學領域」，他研究過「粒子物理，統計力學，凝態物理，天文，生物」中的各種問題，「也研究過工程的問題，還將數學應用在儀器與機器的設計」。戴森知道自己沒法和費曼一樣長時間專注在一個大問題上，便順著自己的性情，安心當一隻狐狸。

# 問題在哪裡？

魯迅 (1881-1936) 的《南腔北調集》中有一篇〈作文秘訣〉，裡頭說「做醫生的有秘方，做廚子的有秘方，開點心鋪子的有秘傳，為了保全自家的衣食，聽說這還只授兒婦，不教女兒，以免流傳到別人家裡去。」但「作文卻好像偏偏並無秘訣，假使有，每個作家一定是傳給子孫的了，然而祖傳的作家很少見。」雖然文豪魯迅如此說，作文顯然還是有些章法，否則現今也不會有那麼多寫作班，也不會有那麼多作家敢開班授徒了。不過要當大文豪，應是沒有什麼必勝法寶，不然去斯德哥爾摩拿諾貝爾獎的機會就要被壟斷了。關於這點，不必魯迅提醒，大家應該是知道的。

魯迅（© 中國舊影錄）

同樣的道理，也沒有所謂「天才秘訣」這一回事。

一般人稱為「思考方法」的東西其實都僅是沒什麼大用的教條而已。雖然話說如此，大家還是願意以拜神求平安的心情，一廂情願地相信市面上眾多教人如何聰明一點（點子多一點、創意高一點）的書。《阿基米德的浴缸》是這一類書中較新的例子。作者大衛・伯金斯來頭不小，是哈佛大學教育學院教授。此書副標題是「突破性思考的藝術與邏輯」，顯見作者野心。他要談的是達文西（L. da Vinci, 1452-1519）、達爾文、愛因斯坦級的思考，不是一般泛泛的思考。扼要地講，首先他蒐羅了一堆例子，說明突破性思考有五重結構：一、長期探索，二、沒有明顯的進展，三、突發事件，四、靈光一閃，五、轉換。作者承認這些不是什麼創見，他人早就知道了。不過伯金斯宣稱別人沒有體認到的是突破性思考之所以成立，關鍵在於面對的問題本身的特性。有的問題「是可以推理的，這些問題可以透過按部就班的推理得到解答」，有些則「不可推理……必須另闢蹊徑」。例如「飛行」或「演化論」等一類需要突破性思考的問題就是不可推理的。不過伯金斯也只能以後見之明來舉例子，不能講清楚到底怎麼判斷哪個問題不可推理。總之要突破就要跳躍、要擺脫框框。伯金斯在書中放進了一些「腦筋急轉彎」式的謎題，訓練讀者「廣泛地想東想西」，「偵查看穿隱藏的線索」，「重新架構情境」，「跳脫遠離錯誤預期」等等。這些教誨實在不需一位哈佛教授來耳提面命，都只可算是我前面提過的「沒什麼大用的教條」而已。

伯金斯的意圖是要拿掉天才的神秘面紗，指出天才的突破性思考絕對不是無跡可循。這樣的看法不能說沒有一點道理。人的思考模式大體上是大同小異的。就像物理大師費曼常愛說的「一個笨蛋會做的，另一個笨蛋也會」。天才的作品常會讓我們有恍然大悟之感，這表示我們的理解能力其實不輸天才。那我們輸在哪裡呢？最重要的是輸在沒有找尋好問題的能力。楊振寧曾說愛因斯坦有三 P：Power（能力）、Persistence（執著）、Perception（眼光）。三 P 之中我以為其中最稀罕的是眼光。愛因斯坦認知最有意義的問題的本事高人一大等。只要尋到方向，解決問題的手法儘管有高下之分，答案常常是大同小異的。什麼樣的問題是最有意義的大問題（這些問題往往，但不必然，是伯金斯所謂的不可推理的問題）？一般得由後來的歷史發展來判定。例如 20 世紀的大發現——量子論，其開創之功普朗克 (Max Planck, 1858-1947) 居首位。但是其實只要條件給足了，就像名經濟／電腦／認知心理學者赫伯特・賽門 (Herbert Simon, 1916-2001) 的研究所指出的，普朗克的工作有大學程度數學的人就可以做得出來。所以普朗克的本事不在於他的數學能力，而是搶在大家前面，認識到黑體輻射現象是一個待解的問題，並且也能集中精力鍥而不舍地猛追到底。至於黑體輻射居然是千載難逢的大謎題，恐怕普朗克自己是預料不到的。要在眾多待解的問題之中尋得大問題，有時眼光與運氣分不太清楚。普朗克的例子很有代表性，許多大突破都有類似的過程。像愛因斯坦這種等級比普朗克要高很多，百年難得一見，摹仿不來。

如果有人懷著夢想，希望藉著「突破性思考」名垂千古。他最好狠下苦功，趕到知識的前沿，搶在別人之前解出自認的重要問題。至於方法只有一個，那就是無所不用其極，也就是「什麼都可以」(Anything Goes)。而《阿基米德的浴缸》這類書，只能裝模作樣地說一些沒什麼大用的教條。

# 姍姍來遲的獎

2003 年諾貝爾物理獎頒給阿布瑞科索夫 (A. A. Abrikosov, 1928- )、金斯堡 (V. L. Ginzburg, 1916- )、雷格特 (A. J. Leggett, 1938- ) 等三人。得獎理由是他們對於「超導體與超流體的理論有先驅貢獻」。這個獎可以說既是意外也不是意外——年紀最大的金斯堡告訴記者:「他們已經提名我三十年了，所以它不全然令人驚訝。但是我想他們是不會給我獎了，我猜就是這樣，畢竟競爭者很多。所以我已經早就忘了去想這些事。」阿布瑞科索夫也說他自己多次被提名，但直到今年頒獎單位才正式在事前通知他提名的事，讓他覺得是個好跡象。雷格特則說他曾想過可能會拿諾貝爾獎，但是機會不是頂大。

三人中，從基礎物理觀念的角度而言，金斯堡的貢獻最大。他和藍道 (L. Landau, 1908-1968) 這位理論物理大師在 1950 年合作了一篇論文，精準地描繪出超導現象微妙的本質，為後來超導體研究奠定基礎。這篇論文的核心概念是「超導是一種自發規範對稱破壞 (spontaneous gauge symmetry breaking) 現象」。金藍二人引進了一個複數

純量場 (complex scalar field) 來實現自發對稱破壞，這個場得遵循現在所謂的「金斯堡－藍道方程式」。他們從這方程式出發證明了超導體內的確不容許磁場存在——這是超導現象很重要的特徵，稱為麥斯納效應 (Meissner effect)。換句話說，如果將超導體放置於磁場之中，磁力線會無法穿透超導體。只有當磁場強度超過某個（依材料而定的）臨界值的時候，磁場才能貫穿超導體，但是那時候超導現象也就跟著消失了。

阿布瑞科索夫出道之時恰在「金斯堡－藍道理論」推出之後不久。他為了解釋當時實驗上一些奇怪的現象，好好地研究了「金斯堡－藍道方程式」，卻意外發現這個方程式在某些參數範圍內，其實有一種以前不知道的解：有一些超導體可以被磁場穿透但卻不會失去超導性。現在我們稱這類超導體為「第二類超導體」，它們在工程上有很高的應用價值。有趣的是當初阿布瑞科索夫從金斯堡－藍道理論中推導出這個結果時，藍道還不相信他。

雷格特獲獎的工作是推算出氦三流體在極低溫時可以相變為超流態。他的推論主要是依據巴定 (John Bardeen, 1908–1991)、庫伯 (L. N. Cooper, 1930– )、許瑞弗 (J. R. Schrieffer, 1931– ) 在 1957 年提出的「BCS 超導理論」。BCS 三人認為電子在極低溫時會兩兩成對（稱庫伯對），雷格特證明氦三也有類似的行為。但是因為氦三不帶電，是中性粒子，所以在低溫時形成的是中性超流體。

BCS 超導理論與金斯堡－藍道理論的關係是這樣的：前者為後者提供了微觀基礎——人們可以從 BCS 理論推導出金斯堡－藍道理論，金斯堡－藍道的複數純量場基本上就是庫伯對的波函數。金斯堡－藍道理論包含的「自發規範對稱破壞」想法後來被粒子物理學家借用，成為粒子物理最佳理論「標準模型」(standard model) 的核心概念。前面提過所謂的「麥斯納效應」在標準模型中呈現的意義就是傳遞弱交互作用的 W 與 Z 規範場玻色子帶有質量，所以真空不容許廣延的 W 與 Z 規範場存在——亦即廣義的麥斯納效應。因此物理學家有時會說真空本身就是一種廣義的超導體。

一般人大約想像不到高能粒子物理居然得向低能的凝態物理取經。最根本的原因是兩個學問其實都面對了無窮維的數學問題，而我們對於這種無窮維問題的了解極為有限。因此物理學家得從真實的無窮維物理系統去吸收經驗，否則單憑邏輯推理是走不遠的。

藍道已經在 1962 年獲得諾貝爾物理獎。他對物理的貢獻是全面的，無論是統計物理、凝態物理、或粒子物理，他都有獨到的見解。但是我認為他最了不起的成就仍在於他掌握了描述各種物態以及它們之間的相變化的關鍵概念與語言。藍道這種物理直覺的確過人一等。正因為藍道名氣太大，所以有時其他人會不公平地把金斯堡的成就撥給了藍道。例如，人們有時輕忽地將藍道的名字擺在金斯堡名字前面，稱金斯堡一藍道理論為藍道一金斯堡理論。這樣當然會讓金斯堡覺得不舒服。還好他終於在 87 高齡獲得諾貝爾獎，算是遲來的正義。

了解阿、金、雷等三位物理學家的人說，以研究風格而言，雷格特是直覺式的物理學家；阿布瑞科索夫數學功力高，比較能規規矩矩地推導公式；而金斯堡則是兩者皆行。

# 隱密的對稱

獲得 2004 年諾貝爾物理獎的葛羅斯曾對過去數十年來基本物理的進展下過一句評論:「自然的秘密在於對稱。」他又認為:「在尋找新的、更基本的自然定律的時候,我們應該從尋找新的對稱下手。」葛羅斯的確說出了物理中非常重要的原則,不過他當然不是第一個有這種體認的人——在他之前,楊振寧就已經說過:「對稱決定交互作用。」可是楊振寧也不是頭一個對於對稱有深刻了解的人,他會說那個頭銜屬於愛因斯坦——愛氏的狹義相對論與廣義相對論正是闡明對稱意義的最佳例子。可是愛因斯坦只是開了個頭,我們還需要更多的具體例子才能肯定「自然的秘密在於對稱」,這裡頭包括了重要的楊振寧與密爾斯 (R. Mills 1927–1999) 的非阿貝爾規範場論。

對於一般人來說,最能夠表現對稱概念的是特殊的幾何結構 (形狀),例如圓、球、正方形、正多面體等等。任何人看到這些幾何圖像,都可以馬上看出它們的對稱性。也有人因為太欣賞這些幾何結構的「完美」,而想用它們來解釋自然現象。一個例子是古代希臘人非常喜歡圓這樣完美的曲線，因而用它們來描述天體的運動，並進而建構天體模型如地心說與日心說。另一個例子是克普勒利用五種正多面體（四面體、立方體、八面體、十二面體、二十面體）來說明為什麼太陽系有六個行星（當時人們所知道的行星只有看得見的水星、金星、地球、火星、木星、土星等六個）。儘管這些模型頗具巧思，從表面上看也似乎有其道理，但是我們早就知道它們都是錯誤的講法。所以所謂「自然的秘密在於對稱」這種觀點的意義當然不是展現於這些有具體圖像的模型。

無論是愛因斯坦，或是楊振寧、葛羅斯，或是任何其他當今的物理學家，當他們在談論「自然的對稱」的時候，他們所指的主要是「物理運動方程式的對稱」。也就是說，方程式在某些變換（例如平移、旋轉、廣義的座標變換、規範變換等）之下，仍能維持它們的形式。所以例如，方程式在平移之下不變就代表方程式有平移對稱性，而方程式在規範變換下不變就表示方程式有規範對稱。因為方程式是「看不到」的東西，不像行星的軌跡那樣「具體」，所以對於一般人來說「方程式的對稱」還是比較抽象的概念。既然方程式可以藉由最小作用量原理推導出來，所以方程式的對稱也可以解釋成是作用量的對稱，亦即作用量在前面所提的變換之下是不變的。

一般而言，從檢驗作用量是否不變下手是確認對稱性的最簡單方法。

當楊振寧說「對稱決定交互作用」的時候，他的意思是對於局部規範變換（包括廣義座標變換）這種特殊的變換而言，對稱的要求可以決定作用量的形式。換句話說，在這種變換之下，只有特定的作用量才能維持不變。由於作用量決定交互作用的形式，所以選擇了特定的局部規範對稱就等於選擇（或者說決定）了交互作用。（由於我們常常可以從物理的角度來解釋對稱變換的意義，所以我們也就有了某種物理上的理由來說明交互作用的存在。）幾個重要的例子：局部阿貝爾規範對稱決定了電子與光子之間的作用形式；局部非阿貝爾規範對稱決定了膠子與膠子間以及夸克與膠子間的作用形式；廣義座標變換對稱決定了重力交互作用等等。難怪葛羅斯會說尋找新的對稱是尋找新自然定律的捷徑。

一旦方程式的對稱性確立了，我們馬上就有以下的好處：假如我們知道了方程式的某個解，利用對稱變換，我們就可以得到另一個解。這樣的好處在量子力學中的意義是：透過對稱變換，不同的量子態可以聯繫起來，所以光從對稱性的存在，我們就可以（由數學上的群表現理論）知道能譜的一些重要規律。例如，週期表的規律性正是旋轉對稱的展現。反過來講，我們也可以從能譜的規律去推論出對稱的形式；這個策略是粒子物理中很重要的策略，因為粒子物理的一大問題就是從所發現的粒子（或共振態）去推敲出背後的物理，發現對稱性可以說是重要的第一步。不過我得在此強調局部規範對稱和一般對稱（如旋轉、平移或其他總體對稱）不一樣：雖然一般對稱變換與局部規範對稱變換都能夠聯繫不同的解，但是一般對稱變換所聯繫的不同解的確代表不同的物理狀態，但是局部規範對稱變換所聯繫的不同解卻是代表相同的物理狀態，也就是說局部規範對稱變換所提供的是同一個物理的不同描述。另外一個重要的結果是對於一般的量子力學系統來說，最低能量態（基態）是唯一的，而且在對稱變換下是不變的狀態。

總之，我們已經學到，自然現象的規律背後常常有隱密的對稱。為什麼說是隱密的對稱呢？因為自然規律與對稱的關係是抽象的數學關係，而不是憑直覺就可以很快理解的簡單關係，像古希臘人那種比較單純的想像（例如把旋轉對稱與圓形軌跡聯繫起來）。

但是還有一種情況可以讓對稱性更為隱密，那就是所謂的「自發失稱」(Spontaneous symmety breaking)。這個情況只會出現在具有無窮維自由度的系統上，一般有限維的量子力學系統並不會有這種情形。簡單的說，自發失稱的意思是儘管系統的作用量有對稱性，但是系統的基態在對稱變換之下卻不是不變的狀態。換句話說，系統的基態是簡併的——對稱變換可以將基態轉變成具有相同能量的另一個狀態。人們最常舉的例子是鐵磁性系統：雖然系統具有旋轉對稱，但是系統（在零溫度）的基態是自旋全部指向某特定方向（也就是磁化的方向）的狀態，所以這樣的基態就不能在任意的旋轉之下都保持不變。另外一個例子是超導體：著名的 BCS 超導體理論的基態並沒有規範對稱，儘管作用量具有這種對稱。（有些人認為這種情形為「基態自動破壞了對稱」，所以才有所謂「自發失稱」的說法。）

自發失稱系統和前面提到的對稱系統不一樣，它的能譜沒有單純地由於對稱關係而來的規律，所以我們不容易從系統所表現的物理性質去推敲出背後的對稱。（這就是為什麼人們得花上數十年時間才了解超導體的秘密。先前我已提過，藍道與金斯堡首先於 1950 年將自發失稱概念用於超導體。）其實，這樣的系統有一個重要的特色，那就是它一定有無質量的南部－戈氏玻色子(Nambu-Goldstone boson)，這些粒子有特定的交互作用，可以用來檢驗自發失稱的講法。

上世紀 60、70 年代，一些有遠見的物理學家如南部(Yoichiro Nambu, 1921- )、萬伯格、沙拉姆等人，將自發失稱的概念用到粒子物理上：南部把 $\pi$ 介子解釋成一種南部一戈氏玻色子，闡明了手徵對稱 (chiral symmetry) 在強交互作用中的意義；萬伯格則和沙拉姆將希格斯機制（將自發失稱與局部規範對稱結合的一種機制）用於說明弱玻色子何以具有質量（這基本上就是超導態的麥斯納效應），而統一了弱交互作用與電磁交互作用。這些成就可以說是上世紀下半葉粒子物理的最高成就。

從古希臘的天體模型到萬伯格與沙拉姆的電弱理論以至現今最熱門的超弦理論，對稱所扮演的角色，無論隱密與否，可以說越來越令人稱奇。難怪很多人（如楊振寧與葛羅斯）相信對稱性在未來還大有發展前途。

# 物理難不難?

MIT 物理系教授威爾切克於 2004 年 10 月在《今日物理》(*Physics Today*) 這份物理圈流傳最廣的半通俗性月刊發表了一篇專欄文章，其頭一段是這樣子的:「在學生時代，最煩惱我的科目是古典力學。對於這件事，我一直覺得很奇怪，因為其他更高階的課程我學起來一點困難也沒有，而那些課照講應該是更困難的。現在我想我已經弄清楚其道理了。這正是文化適應出了問題的一個例子。因為我出身數學，便以為可以把古典力學當成演算法則 (algorithm) 來學，沒想到我碰上了一種相當不同的東西，其實它是某種文化。以下請聽我道來。」看到這裡我馬上知道這是篇好文章，值得仔細讀下去。

這位願意公開承認古典力學不好學的威爾切克教授並非等閒之輩——他在大學原本主修數學，進了研究所以後轉而研究理論物理，在 22 歲時與其指導教授葛羅斯共同發現了楊一密爾斯規範場論具有所謂「漸近自由」的性質，而解開了原子核中強交互作用之謎。事實上，威爾切克這篇反省古典力學意義的文章發表之時，諾貝爾獎委員會正好宣布了他與葛羅斯以及另一位也獨立發現漸進自由的波力徹 (D. Politzer, 1949- ) 共獲 2004 年諾貝爾物理獎。

學過古典力學的人都知道這門學問的核心是牛頓運動方程式，也就是大家在高中就碰過的 F=ma。這個方程式裡的 m 代表物體的質量，a 代表其加速度，F 代表物體所受的力。原則上我們一旦知道了 F 與 m，就能利用運動方程式將加速度算出來，繼而求出物體的軌跡。最著名的例子就是我們只要假設行星會受到太陽所施的萬有引力，便可計算出行星的橢圓軌道。(當然我們也可以反過來從已知的軌跡去推算出力的形式。)

依這樣的看法，我們只要定下了力的形式，剩下的問題就是解運動方程式罷了。到了這個階段，威爾切克說:「這些問題表面上看起來像是物理問題，骨子裡其實只是微分方程式與幾何的練習而已。」微分方程式當然不會難倒主修數學的威爾切克，那麼古典力學對他來說到底難在哪裡呢?

問題就在於我們如何知道在方程式中該套上什麼樣的力呢? 在實際的物理問題中，我們會碰上各式各樣的力，如種種摩擦力、如籃球從斜坡滾下來或石塊在水中下沉時所受的接觸力等等。這些力比單純的萬有引力或庫侖靜電力複雜多了，我們沒有辦法寫下一個普適的規律來描述它們。學生必須演算過好多習題之後，才能適應這各種力背後不易言傳的假設、性質和意義，難怪威爾切克要說他碰上了一種「力的文化」。文化不是硬梆梆的邏輯，裡頭有些東西是講不清楚的，讓威爾切克頭痛的就是這些模糊的東西。總之，古典力學像是一種語言，正如語言不單僅是文法，古典力學也就不僅是方程式而已。

詭異的是就演算法則的角度而言，一般人認為更高深的理論如量子電動力學、量子色動力學等其實反而單純：這些學問是以明確的動力學法則去處理物質之間某項明確的交互作用，如電磁交互作用或強交互作用，所以理論中方程式的意義相當清楚，沒有留下什麼我們得要自行斟酌的空間。學生一旦學會了如何利用像費曼規則 (Feynman rule) 之類的場論基本技巧，大致上就可以有模有樣地研究起最先端的粒子物理問題了。既然量子物理比古典物理提供了更明確的演算法則，威爾切克當然會認為它簡單多了。

我曾參加一場高中物理老師研習會，在檢討座談會上我向老師們提了個問題：「你們覺得物理難不難？如果難，難在哪裡？」結果多數的物理老師舉了手表示物理是難的，可惜時間有限，他們沒機會好好解釋它到底難在什麼地方。後來臺中一中一位老師寫了封電子信給我，告訴我她並沒有舉手，因為「只要弄懂了就不難」，不過她相信「很多學生的問題出在數學，有的學生不會算，有的看不懂數學式中的意涵」。對於威爾切克來說，數學與演算都不是麻煩，但是某些基本公式的意涵卻很難捉摸。既然聰明與成就高如威爾切克者都曾有其困惑，物理概念不易消化大約可算是定論了。

# 水火不容

前一陣子，我為了準備一篇介紹狹義相對論的文章，而想到去查看電磁學大師馬克斯威爾本人如何說明「以太」這個觀念，於是找上了他為《大英百科全書》第九版（1879 年出版）所寫的〈以太〉一文。馬克斯威爾從以太的本意說起：它是一種比可見物體更微妙的物質，存在於空無一物的空間中，具有悠久的歷史，曾扮演過各式各樣的角色，但是這些角色大半沒有什麼科學意義，唯一能經得起考驗的是荷蘭物理學家惠更斯 (C. Huygens, 1629-1695) 為了解釋光的傳遞所發明的以太介質。

在惠更斯的時代，人們對於光的本質主要有兩種見解：其一是粒子說，此說認為光是一種微粒般的物質，以高速直線前進；粒子說陣營的主將是牛頓。其二是波動說，此說主張光是類似水波的一種波動；惠更斯是波動說的主將。當時人們相信任何波動都需要介質，惠更斯的以太就是承載光波的介質。

由於馬克斯威爾能夠從他的電磁學方程式證明電場與磁場的振動可以形成電磁波，而且電磁波的速度和光速一樣都是 c ($=2.9979\times10^8$ 公尺／秒)，所以他很自然地認定光即是電磁波，如此一來，電磁學便和光的波動說連起來了。馬克斯威爾在〈以太〉裡寫道我們對於光的現象理解越多，以太存在的證據也就累積越多。他接著以光的干涉現象為本證明光必然是一種波動，故而以太這種介質必得存在。

大師這段一百多年前的論證不僅證明了光的波動性，還非常清楚地闡明了波和粒子是水火不容的兩種概念。就邏輯而論，馬克斯威爾簡單但犀利的理由無懈可擊，今天讀來仍令人信服：

> 光本身不是一種物質這件事可以用干涉現象來證明。我們利用光學方法將來自單一光源的一束光分成兩束光，讓這兩束光走不同的路徑，然後再把它們合併起來，並投射在屏幕上。如果將兩束光之一擋掉，則另一束會落在屏幕上，使得屏幕出現亮點。可是如果我們讓兩束光都通過，屏幕上有些地方反而會變暗，這就證明了兩束光相互消滅了對方。
>
> 因為我們不能假設兩個物體一旦放在一起，可以相互消滅，所以光不可能是一種物質。我們所證明的是一束光可以正好是另一束光的相反，就如 +a 正好是 –a 的相反——無論 a 是什麼。在物理量之中，我們發

> 現有些量的正負號可以顛倒過來，但有些則不行。例如，在某個方向上的位移正好是在反方向上同樣位移的相反。這樣的量不能代表物質，只能代表發生在物質上的過程。所以我們的結論是光不會是一種物質，而是一種發生於某種物質上的過程，（在前述的情況下）第一束光中發生的過程永遠正好是同一時刻在另一束光中發生過程的相反，因此當這兩束光合併在一起後，就不會出現任何過程（所以屏幕就出現暗點）。

馬克斯威爾無法想像光如何可能既是粒子（一種帶能量的物質）又能表現出干涉現象，於是他毫不猶疑地排斥了光的粒子說而接受了波動說。任何了解此論證的人都會同意這種結論。然而物理世界並不是全然照著無瑕疵的邏輯運行的——馬克斯威爾的結論在 1905 年被年輕的愛因斯坦推翻了。

首先是以太存在與否的問題：在馬克斯威爾的觀點裡，有一個座標系與眾不同，其特殊之處在於以太介質靜止於其中。光速只有在這個座標系中才等於 C，光在其他運動座標系中都不會有這個速度。但是愛因斯坦的狹義相對論卻要求一切座標系都是等價的，並且光速在任何座標系中都等於 C。惠更斯的以太在狹義相對論中成了個多餘的假設。

其次是光其實也有粒子性：愛因斯坦跟循著普朗克的腳步，提出了光量子的假設；在這假設之下，光是由一顆顆帶能量的光量子所組成的。愛因斯坦還指出這個假設可以在所謂的「光電效應」中獲得驗證。

光怎麼可能既是粒子又是波？愛因斯坦難道可以駁斥馬克斯威爾的論證嗎？他當然不能，所以才會對人說：「我思考量子問題的時間百倍於我思考廣義相對論的時間」，而且直到過世，都拒絕相信採用了「波粒二象性」原則的量子論會是最後的真理。

# 用想的就夠了嗎？

有一些科學知識的人大約都知道這件事：自兩千多年前古希臘哲人亞里斯多德以來，人們都相信重的物體掉落得較快，輕的物體掉落得比較慢。這種錯誤的觀念直到 17 世紀才為近代物理學先驅加利略所推翻。根據第一本加利略傳記所載，他曾跑到比薩斜塔上拋下重量不一的球，在其他老師、哲學家、以及學生的見證下，證實了物體其實不分輕重，都會以相同的速度下落。

不少科學史家懷疑加利略是否真的在比薩斜塔做了自由落體實驗，因為加利略從未在任何著作中提到這項傳奇性實驗。不過加利略在 1638 年出版的名著《關於兩門新科學的對話》中，的確提到如果在「兩百腕尺」（約 100 公尺）高處讓一兩百磅重的砲彈和半磅的子彈同時落下，則兩者會幾乎同時著地。然而更有意思的是加利略在書中說明了只要利用所謂的「想像實驗」(thought experiment)，就能論證亞里斯多德必然是錯的。

加利略這段論證常被引為想像實驗的最佳範例，中學課本都有介紹。他透過兩位虛構人物之間的對話來呈現其論證;這兩位先生其一是薩爾維亞蒂 (Salviati),他基本上是加利略的分身;另一位是辛普立修 (Simplicio),他扮演解說亞里斯多德立場的角色,從名字就可看出,加利略暗示著他不是個深思熟慮的人。薩與辛關於自由落體的關鍵對話如下:

> 薩爾維亞蒂:「但是我們甚至不必進一步去做實驗,就可以利用簡短又確定的論證來說明重的物體不會比輕的物體動得更快,只要兩個物體都是由相同的材料所做的……。如果我們拿兩個物體,它們有不同的自然速度,假設把這兩個物體結合起來,那麼比較快的物體就會稍被比較慢的拖住,而比較慢的物體則會被較快的物體拉得變快了一些。你同意嗎?」
>
> 辛普立修:「你無疑是對的。」
>
> 薩爾維亞蒂:「但是,如果真是如此,那麼一個速度為 8 的大石頭和一個速度為 4 的小石頭如果結合在一起,則整個東西的速度就會小於8;但是兩個石頭一旦綁在一起,它就比先前速度為 8 的石頭來得大(重),所以比較重的物體的速度反而會比較輕的物體來得小,這種效應恰和你的假設相反。所以你已經看到了,從你那個重的物體比輕的物體動得快的假設出發,我如何推論出重的物體反而會動得較慢(如

此就有了矛盾)。……所以我們的結論是如果物體的比重相同,則大(重)的物體和小(輕)的物體只能以相同的速度運動。」

辛普立修:「你的推論真是了不起,不過我還是很難相信一顆小子彈會和砲彈落得一樣快。」

現代讀者必須了解在亞里斯多德的時代,人們還沒有把速度和加速度區分開來,而且儘管加利略已經了解加速度的意義,但他在論證中,仍沒有把「自然速度」定義清楚,所以我們必須依情況將加利略的「自然速度」解釋成速度或者是加速度。

在牛頓力學中,物體所受的力等於其慣性質量乘以加速度,而一個物體在地球表面所受的重力則和其重力質量成正比。所以假如每個物體的慣性質量都等於其重力質量,那麼所有自由落體(不考慮空氣阻力),不分輕重,將會以相同的加速度往下落。這就是加利略所謂的「重的物體和輕的物體會以相同的速度下落」的意思。慣性質量等於重力質量這件事現今被稱為「等效原理」。這個原理是愛因斯坦廣義相對論的基石,實驗上還沒發現有任何可疑之處。萬一將來實驗學家發現等效原理出錯,則廣義相對論就得改寫。

加利略的論證似乎說明了「物體會以相同速度下落」

是種超越實驗的真理。真是如此嗎？難道我們不必再從實驗去檢驗「等效原理」了嗎？當然不是。理由在於加利略所依賴的假設不論聽起來多麼有道理，它們依然不是「不證自明」的事。譬如說，兩個物體如果在水中結合起來，那麼比較快的物體就不見得會被比較慢的拖住。事實上，較重的物體在水中落下的速度的確較快。想像實驗可以幫助我們整理思緒，看出問題的核心，但是它們並不能取代實驗。

# 不自然的科學

前一陣子我在網路上漫遊，無意間碰上一個名為「眾人檔案庫」(Peoples Archive) 的精采網站 (http://www.peoplesarchive.com/)。它的宗旨清楚地寫在首頁上：「眾人檔案庫致力於為後世蒐羅我們這個時代偉大的思想者、創造者、成就者的故事。你在此網址所碰到的都是各個領域的領導者，他們的工作影響並改變了我們的世界。」目前此網站已登出了 31 位名人的訪問紀錄影片。

在這 31 位名人當中，我算了一下，科學家佔過半數，其餘是詩人、導演、攝影師、雕塑家等。科學家中又以生物或生化學家居多數，其中包括發現 DNA 雙螺旋結構的克立克。我沒見過克立克本人，但對於他的風采相當好奇，因為和他一起發現 DNA 結構的伙伴華生曾說「我知道很多外人這時會認為克立克才是主要的 DNA 頭腦，因為他很明顯地超級聰明」；可惜這位傳奇人物已於前 (2004) 年過世，所以能在這個檔案庫看到他的講話神態，是令人高興的事。

但更有意思的是克立克在影片中談到科學的本質，

其中許多看法，於我心有戚戚焉。雖然這些觀點前人都談過，甚至我也曾在課堂上提過，但是對於一般人而言，這些看法應還是有其新鮮之處。

首先這位「超級聰明」的人說：「我不以為我有個特別的腦袋，我的腦子和多數科學家是一樣的；他們對於世界感到好奇，然後學習以科學的方法去看待事情，但這（科學方法）並不是一種自然的做事方式，它反而幾乎是種詭異的做事方式。例如，中國人並沒有發現科學，任何其他文明也沒有發現科學。科學大概起於希臘，但是直到加利略才真的發展起來。加利略之前的人都只是在摸索階段，還談不上是真正的科學家，但加利略聽起來就像是個真正的科學家。」

克立克說加利略的推理方式與實驗精神都具有充分的現代感，他知道如何建構出一般性的原理來解釋實驗，而不僅僅是以自己的方式再將實驗描述一遍而已。克立克強調：「我不認為（加利略的）這種方式特別自然，這是你必須學（了才會做）的事。我們的好奇心是自然的，但是（科學中）解釋事情的方法不是自然的。我們狩獵的祖先並不需要科學方法，他們需要的是幾個大略的、可馬上派上用場的主要法則而已，這樣子他們就可以很快地從一件事去做推論，下出正確的決定。對他們來說，做決定比知道背後真正的理由來得重要。」

換句話說，克立克以為科學方法的新鮮處之一就在於超越了傳統的直覺式思維。當然他很了解「當你在選擇一個科學問題的時候，必須依賴直覺，因為這時還講不清楚何以這是個好問題，而那是個壞問題」，不過一旦你著手研究選定的問題，就必須和加利略一樣，仔細地設計實驗去檢驗理論。

有過一些科學經驗的人對於克立克的講法大約不會覺得意外，例如，名生物學家沃珀特 (L. Wolpert, 1929- ) 多年前就出版過一本談論科學意義的書，名為《科學不自然的本質》(*The Unnatural Nature of Science*)。從書名便可看出沃珀特的見解和克立克是一樣的。我們可以這麼講，無論是就方法而言，或是從累積起來的科學知識而論，科學的確是不甚自然的事情。

然而儘管科學家對此有相當共識，還是有許多人對此「不自然性」相當陌生。證據之一便是我們常常會聽到一種主張，就是要讓學生以生活化的自然方式接近科學，最好能讓他們自行建構出科學知識來。的確，科學所處理的對象當然都是自然現象，不過如果沒有老師的指引，學生大約不可能摸索出正確的道路。讓我以物理學第一課的慣性原理為例：這項原理的意思是「物體如果沒有受到外力，它的運動狀態就是等速前進或靜止」，可是在自然環境中，物體幾乎不會沒受到力，尤其是摩擦力，所以如果沒有加利略來告訴我們這個違逆直覺的原理，我們很難自行將它想出來。依直覺，我們都會和另一個超級聰明的人——亞里斯多德——一樣，認定物體的「自然狀態」就是靜止不動的。

# 如何研究特異功能

在臺灣，有許多人對於特異功能極為好奇，他們主張大家應該懷抱著「開放的心胸」去看待那些現象。可是，有不少人在敞開心胸之時，卻也輕易地拋開了前人累積的智慧、忘記了千錘百鍊的科學知識，因而浪費了寶貴的資源與時間。

特異功能這四個字，在字面上，本來只意味著罕見的能力。例如，我有位朋友認為，能在三百碼之外將高爾夫球一桿打進洞的人，就具有特異功能。另一位朋友則以為，能夠得心應手地研究弦論的人，便是特異功能之士。可是，對於那些著迷於特異功能的人來說，這四個字所指的其實是遠較為玄妙的現象，也就是那些超越（或違背）科學定律的現象，例如隔瓶取物、手指識字、心電感應等等，亦即在西方已有悠久歷史的超自然 (paranormal) 現象。

推翻科學定律或發現嶄新的現象是每個科學研究者所企盼的事，因為這麼做能令人名利雙收，甚至還可能到斯德哥爾摩走一趟領個獎。然而這是極難達到的目標，我要借用發現 DNA 雙螺旋結構的克立克的說法來解釋為什麼是這樣。克立克在本書〈不自然的科學〉一文介紹過的「眾人檔案庫」訪問中這麼說:「你在科學中所知道的事不可能是絕對正確的，你永遠不能講科學絕不會出錯;科學只是當下詮釋自然現象的最佳方式，但是其中有些詮釋實在太棒，在絕大多數的情況下，你如果還懷疑它們，那就太愚蠢了，所以你不會去懷疑這些科學知識。」因此我們如果碰到與科學知識相違背的現象，首先應該懷疑的，不是科學，而是那些現象。

可是人們的確看到了妙不可言的現象。那些特異功能大師真的可以隔空抓藥或手指識字，不是嗎?這些現象如果不必懷疑，那麼科學知識似乎就得修正:如果真能隔空抓藥，能量守恆就不能成立!如果手指真能識字，我們就發現了新的交互作用，而這些交互作用卻是精密實驗所找不到的!不過，依克立克的看法，我們不應輕易棄守科學定律，我們最好先設法從已知的科學去說明特異功能現象。有這樣的理論嗎?有的，那就是特異功能只是魔術而已。

到目前為止，這個簡單的理論仍然是解釋特異功能的最佳理論。有人或許會說:「我看不出這些特異功能的任何破綻，所以它們一定是真的」，但是不要忘了觀眾也看不出魔術師大衛・考柏菲是如何穿過長城的。全世界有很多人拼命想要推翻這個理論，也就是說，他們想證明特異功能不是魔術，但是沒人成功過。所以，如果有人願意研究特異功能，他最保險的出發點就是假設這些現象是人為的，而非真實的自然現象。

四十多年前名物理學家費曼在一場演講（見《這個不科學的年代》第 3 講）中明白說出他對一些特異功能——例如觀心術——的看法：「根據我對於自然、對於物理的經驗，我並不相信觀心術士 (mind reader)」，但是他也強調，如果證據充分，他願意改變自己原先的偏見，並樂意將觀心術「當作大自然現象來研究」。當然，費曼並沒有看到令他信服的證據。有志研究特異功能的人應將費曼這種具有質疑精神但又願意開放心胸的人當做朋友。費曼仔細說明了如何檢驗觀心術士是否在作弊，能夠接納費曼這些見解的人或可少走一些冤枉路。

七年前，兩位諾貝爾物理獎得主——萬伯格與約瑟夫森 (B. Josephson, 1940- )——在《物理世界》這份雜誌上辯論超自然現象的真實性。約瑟夫森非常相信心電感應這類事，而萬伯格的看法則和費曼相當接近：「每個人必須各自決定某些東西是否因太不可能，而根本不必當它一回事。否則我們就沒有時間去做任何事了。當然我可能出錯……但是到目前為止，令人信服的心電感應證據還沒出現。」

萬伯格講了一句話，充分呈現科學精神，常值得有志之士放在心上：我們應該有「開放的心胸」(open mind)，但絕不能有「空虛的腦袋」(empty mind)。

# 既非物理也非數學

有人說過科學研究的要訣就在於盡快地發現自己的錯誤。這句話的道理很容易明白：既然大半的點子是走不通的點子，如能早些知道哪些想法出了問題是極棒的事。(那些一定成功的科學研究，大體上並不會有太高的價值。)

我曾在《不平凡的天才》(*No Ordinary Genius*) 這本書中讀到電腦大師敏斯基 (Marvin Minsky, 1927- ) 將物理學家費曼的成就歸功於「他很不容易『被框住』」(He was so "unstuck")。敏斯基說費曼會用很多不同的方式來看待事情，一旦有個辦法行不通，他就馬上切換到另一條路。敏斯基有段話很值得玩味：

> 重要的是不要堅持；我認為多數人失敗的理由正在於他們太堅決地要實現某個想法，而他們之所以會如此，只不過是由於太著迷於這個點子罷了。和費曼討論的時候，如果碰到困難，他會說「嗯，我們用這另一種辦法來瞧瞧」。費曼是我認識最不會被套住的人。

一般人沒有費曼那種能自行跳離泥沼的本事，只得借助於外力；也就是說，找高手來批評自己的想法。就我所知，受到高手當頭棒喝的最佳例子發生在第一號費曼迷戴森身上。這段故事非常精采，戴森前幾年將它發表於《自然》雜誌上 (*Nature*, 427, 297 (2004))。

戴森的成名作是將費曼、許文格、朝永振一郎等人各自發展的量子電動力學統一起來，並完整地建立了量子場論的微擾計算技術與重整化理論。戴森完成這項工作之時，還只不過是 25 歲的康乃爾大學博士班學生而已，但他兩年後即被聘為教授，成為罕見的無博士學位教授。

很自然的，戴森在接任教授之後，所從事的研究便是將自己發展的微擾技術應用到時髦的強交互作用上。微擾技術在量子電動力學上非常成功，原因是電磁交互作用的強度不大，恰好適合微擾辦法；但強交互作用的耦合常數就過大了些，所以戴森必須採用額外的近似法來搭配才能得到結果。總之，充滿鬥志的戴森帶了一群學生與博士後研究員，依據預設的方法，去計算介子質子散射的截面積。一年半後，他們得到了很好的結果——辛苦所得的數值和實驗非常吻合。

當時強作用的實驗數據來自物理大師費米在芝加哥大學的實驗室，所以戴森便興致勃勃地帶了計算數值跑到芝加哥去見費米，想告訴他這件好消息，也藉機認識費米。戴森寫說他敲了費米辦公室的門，費米很客氣的請他進去，自己馬上就把理論結果拿給費米看，但是費米並沒有多瞧它們一眼，反而先問起戴森太太與剛誕生兒子的健康狀況，然後才回頭對戴森說：「在理論物理中，有兩種作計算的方式。第一種——這是我喜歡的方式——是對於你所計算的物理過程有個清楚的物理圖像。第二種方式是有個精確且嚴格的數學架構。而你兩者都沒有。」

聽到費米這麼直接的批評，戴森愣了一下，但還是繼續追問費米為什麼這麼說。費米答道：「量子電動力學是個好理論，因為電磁力是微弱的，而且萬一理論有含糊之處，我們還有個清楚的物理圖像來引導我們。但是你的強作用理論並沒有什麼物理圖像，而且由於力太強，微擾計算不會收斂。所以你必須引入一種任意截斷微擾級數的辦法，才能得到結果；然而這個方法並非建立在堅實的物理或數學之上。」戴森問費米難道他不覺得計算結果和實驗非常吻合是件了不起的事？費米反問：「你的計算用了幾個可調參數？」，「四個」戴森答，費米就說：「我的朋友馮・諾伊曼 (J. von Neumann, 1903–1957) 常喜歡講，只要有四個參數，我就可以讓任何數據的圖看起來像隻大象，如果有五個參數，我還可以讓牠擺動鼻子。」

談到這裡，戴森只能謝謝費米，然後告退。他傷心的回到康乃爾，告訴學生這個壞消息。由於學生需要發表論文，他們還是將計算寫成一篇長論文發表於《物理評論》。戴森反省說：「回頭看，費米是對的，……讓我們免於陷在黑巷裡的是費米的直覺，而不是任何理論與實驗不符之處。」戴森永遠感激費米「摧毀了我們的幻想，並告訴我們苦澀的真相。」

# 神與死亡

一般人在說到古希臘的原子論 (atomism) 時，大約都知道德謨克利特斯 (Democritus, 460 B.C.–370 B.C.) 是最早宣揚原子論的人物之一。不過人們未必清楚當時的原子論除了認定原子是物質不可分割、不可毀滅的最小組成單元之外，到底還說了些什麼。法國名哲學家柏格森 (Henri Bergson, 1859–1941) 在《詩的哲學》(*The Philosophy of Poetry*) 一書中說原子論有如下的主張：「身體、靈魂、所有的物體以及世界，都是由原子所構成的。自然現象和思維都只是原子的運動而已。一切的事物與現象都是由原子、原子之間的真空 (void)、以及原子的運動所組成的。除此之外，就沒有其他東西了。」換句話說，原子論是一種徹底的唯物論，因為不僅「肉體」是由原子所構成的，連「思維」也不過是「原子的運動」而已。當然，這種主張在兩千多年前並沒有什麼實驗證據來支持。事實上，直到 19 世紀末，還有相當多的科學家質疑原子是否真有其物。為什麼古希臘原子論者的直覺居然能和現代科學知識這麼地契合？哲學家羅素 (B. Russell, 1872–1970)

在《西方哲學史》一書中的解釋就是原子論者「運氣好」。

希臘人除了用原子論來解釋世界，還發現它有助於人類的幸福！這項奇怪的發現來自哲學家伊比鳩魯(Epicurus, 341 B. C.-270 B. C.)。他是何許人也？柏格森在前述書中這麼形容伊比鳩魯：「他不是學者，一般而言，他瞧不起科學，認為數學所講的都是假的，也不在乎修辭與文學。對於伊比鳩魯來說，唯一重要的事就是如何快樂地活著。……哲學的唯一功能就是經由最短的路徑，將我們帶到快樂的境界。」所以一般說伊比鳩魯是「快樂主義者」。但是何謂快樂呢？伊比鳩魯相信人只有在心靈獲得安寧時，才會快樂。不過由於有兩種因素不停地在干擾我們的心靈，使我們無法擁有安寧的心靈。

這兩個威脅心靈安寧的東西就是神與死亡。怎麼說呢？柏格森如此解釋：首先，當時一般人相信善意的神時時在看顧、監視著他們，也會隨時干涉他們的生活。例如他們認為打雷是一種徵兆或處罰，所以一聽到雷聲就害怕，他們相信處處有超自然的力量。其次，人們相信死亡後會下到地獄，在那裡會受到各種可怕的刑罰。由於人們對於神與死亡有這樣的看法，難免畏懼神與死亡，心靈便不能平靜，也就不會快樂。

那麼心靈如何才能重拾寧靜？伊比鳩魯認為只要我們能夠證明神根本無法干涉人間事務，同時也能證明死亡是一切的終點，亦即地獄並不存在，那麼人便不須畏懼神與死亡，心靈就能重拾寧靜。伊比鳩魯發現德謨克利特斯的原子論正好能夠提供這種證明，其理由如下：既然宇宙是由原子所組成的，而且原子的行為都受到物理（自然）定律的規範，也就是說一切現象都只不過是原子依據物理定律的重組與運動而已，那麼神就沒有介入人間事務的空間。一旦人們了解了一切因果關係都受到物理定律的制約，他們便不用擔心神隨興的作為，因為物理定律是連神也無法隨意改變的。至於人們對於靈魂在死亡後將下到地獄的恐懼也是完全沒有必要的，因為人的靈魂一如肉體也是由原子組成的，所以人的肉體以及靈魂在死亡之後，都隨著原子的解散，也將全然消失。總之，人在死後根本不會留有靈魂，所謂下地獄之說，只是迷信而已。

很多人相信我們無法從現代科學知識去推論出任何與倫理、價值、信仰相關的結論，也就是說科學是所謂「價值中立」的東西。沒錯，目前科學並不能引領我們走向唯一正確的價值觀，但是某些信仰系統的確也能與科學知識相容，伊比鳩魯利用原子論來追求安寧的心靈就是一個極有意思的例子。古希臘哲人只憑藉著思維就建構出一個大體上合情合理的學說，甚至對於它在人生意義上的意涵都有深入的剖析，這種理性思維精神在人類歷史上並不多見。

# 大霹靂

據記載，牛頓在過世前不久，曾這樣回顧他的一生：

> 我不知道世界會怎麼看我，但是在我看來，我只像是個在海邊玩耍的男孩，三不五時找到了比較平滑的鵝卵石，或是比較漂亮的貝殼，而覺得很有趣味，可是真理的大洋還是全然未為人所理解地橫臥在我面前。

我有時會好奇，牛頓如果能夠死而復生，看到了後世在他死後兩百多年間對於「真理的大洋」的探索，不知他會對於哪些發現最感興奮？我猜想有兩件事絕對出乎既是光學家也是天文學家的牛頓意料之外：一是光既有粒子性，也有波動性；二是宇宙不停地在膨脹。

這兩個現象是 20 世紀科學的大發現，它們分別開啟了量子論與宇宙論兩門學問。耐人尋味的是，兩者儘管在表面上看起來毫不相干，但骨子裡卻能巧妙的相互印證。

宇宙膨脹這回事是美國天文學家哈伯（E. Hubble,

1889–1953) 在 1930 年代所發現的。當時哈伯注意到從遠處星系發出來的光，其（吸收）光譜和地球上已知的原子光譜相比，各譜線都有所謂的紅移 (red shift) 的現象，而且紅移程度和星系與我們的距離成正比。換句話說，來自遠處星系的光，波長都變長了，星系越遠，波長就變得越長。若以大家熟悉的都卜勒效應來解釋，這意味著遠處星系正離我們遠去，而遠離的速度恰和它與我們之間的距離成正比。

如果各個星系當下正在相互遠離，也就是說宇宙正在膨脹，那麼在過去，星系彼此就必然較為靠近。假如我們一直將時間往前推，宇宙就應該有個起點，或者說，宇宙應該起自於一個大爆炸。物理學家相信，這個大霹靂的時刻約在 137 億年前。那時的宇宙是一團高溫度、高密度的物質；這些物質隨著宇宙的膨脹，會逐漸冷卻，繼而受到重力的影響，方凝聚成星球、星系。

物理學家發現，以傳統時空觀為本的牛頓重力理論無法完滿地描述宇宙膨脹，只有立基於彎曲時空觀點的廣義相對論，才是說明宇宙膨脹的最佳理論。在廣義相對論中，宇宙膨脹是一種空間本身的膨脹，星系在宇宙中的座標並沒有變動；星系間的距離之所以增大，純然是因為兩定點間的距離，由於空間的膨脹而增加了。同樣的，來自遠處星系的光，其波長在空間膨脹之下被拉長了，所以會有紅移現象。前面我提過可以用都卜勒效應來解釋紅移，其實這種觀點不全然正確，只能算是一種簡略的比喻。

以上大霹靂的故事有個令人信服的佐證，這項證據與光的量子性有關：普朗克與愛因斯坦指出，光波其實是由光子所組成，每個光子的能量和光波的波長成反比；波長越長的光子，所帶的能量就越低。在大霹靂之初，高溫的宇宙充滿了短波長、高能量的光子（以及其他基本粒子）。這些光子的波長隨著宇宙膨脹而增長，因此能量（以及溫度）也就不停地下降。137 億年下來，這些宇宙最原始的光子的溫度已經下降到 2.7K 左右。人們稱宇宙間這種具有固定溫度的光子氣體——也就是所謂的黑體輻射——為「宇宙微波背景輻射」。

1964 年，美國無線電天文學家潘齊亞斯（Arno A. Penzias, 1933- ）和威爾遜（Robert W. Wilson, 1936- ）無意間在他們的天線中，發現了這些大霹靂後遺留下來的光子。他們當時還無法精確地量出背景輻射的能譜，只能得知這種輻射大致的溫度，以及其大致的均向性。直到十多年前，人們才利用人造衛星完整地測到了背景輻射能譜，它果然極為漂亮地符合普朗克黑體輻射公式。

根據觀測，星系在宇宙中的分布相當均勻，所以大霹靂之初的高密度基本粒子氣體也應是極為均勻的氣體。如果不考慮重力，這種狀態的氣體具有極大的熵，但如果將重力考量進來，這種狀態的熵反倒成了極小值。宇宙與生命的演化和大霹靂之初這種奇特的起始狀態息息相關。

# 原子會發光

有一回我無意間在圖書館看到一本討論科學素養的書，內容是關於「所有（美國）學生在小二、小五、國二、高三等各階段末，對於科學、數學、技術等領域所應該知道、或有能力去做的事」。本來這類的書頗多，一般而言並無特殊之處，但這本名為《科學素養指標》(*Benchmarks for Scientific Literacy*) 的書卻相當值得參考。它是由著名的美國科學促進會 (AAAS) 所發表的，屬於「2061 年計畫」(Project 2061) 報告的一部分。這個研究計畫的目標是促進所有未來美國公民的科學素養，以便「有助於人們能過個有趣、負責、且豐富的一生」。

究竟什麼樣的科學知識能夠幫助人們有個美好人生，我當然感到好奇。書中所列的知識項目是眾多專家集思廣益的結論，讀來相當有意思。譬如說，書中對於美國學生在高中畢業後，所應該具備的知識，在「能量轉換」這個主題之下，包含了這件事：「如果一個孤立的原子或分子的能量改變了，則這種變化乃是來自於能量從某個明確的值跳到另一個明確的值，其他的值都不可能。一旦原子或分子吸收了輻射、或發射了輻射，其能量就會改變，因此，這些輻射也會有明確的能量。所以，個別原子或分子（例如在氣體中的原子、分子）所發射或吸收的光，可以用來判定這些發光的物質究竟是什麼東西。」

我看到原子會發光這件事被美國科學促進會列為所有公民必具的重要知識，當下就想起費曼講過關於他父親的一個小故事：

> 費曼父親是個小生意人，辛苦栽培費曼上了麻省理工學院 (MIT)。有回費曼回家，他父親對他說：「既然你已經學了那麼多東西，有個問題我一直沒有弄得很懂，不知道你能不能解釋給我聽?」費曼當然很樂意為父親解惑。他父親就問：「我知道當一個原子從一個狀態轉換到另一個狀態時，它便會發射出一個稱為光子 (photon) 的光粒子」，費曼回說：「是的，沒錯」，費曼父親接著問：「那麼，這個光子是不是早先就存在原子裡，然後才跑出來? 或者是，原子內一開始並沒有光子?」
>
> 費曼於是試著解釋光子的數目並不是一個固定不變的值，光子只不過是由於電子在運動，從而才創造出來的東西。費曼說：「我無法好好地對我父親解釋這件事，我說我所發出的聲音一開始並不是在我身體

> 裡頭……但是他不滿意我的答案：他覺得我完全沒有解釋清楚他所不了解的東西！所以他並沒有成功：他送我去上大學，目的就是想了解他所不懂的這些事，但是他終究從沒能找到（讓他可以理解的）答案！」

的確，沒有人能夠真正理解光子究竟如何從原子裡頭跑出來，物理學家至多能做的就是描述事件是如何開始的，以及事件可能會如何結束，例如計算出光子出現的機率有多大。至於中間過程到底怎麼一回事，目前物理學家是無能為力的。

我不知道費曼父親接受了多少科學教育，但在七十年前，光子與能階的概念大約還不至於被列為基本科學知識，所以費曼父親在當時應算是相當先進的一位「科學美國人」。不過《科學素養指標》對於原子發光的敘述除了光子與能階之外，還包括了「個別原子所發射或吸收的光，可以用來判定發光的物質是什麼東西」。從大眾通識教育的角度來講，這項知識的重要性在於我們可以從接受到的光來判定在無數光年外的星球上的物質，其實和地球上的物質，並沒有兩樣。

曾有哲學家以為由於我們不可能跑到極遠的星球上，所以我們永遠不可能確知到底星星是由什麼東西構成的。這本來是個非常合理的推論，但卻被各原子有其特殊光譜這件事給推翻了。世界真是奇妙！美國人認為「原子會發出特定的光」是公民科學素養的一部分，我們是不是也認同這種判斷呢?

# 一語中的

每個學生都聽過老師與父母這麼囑咐：讀書千萬不能只是死背，一定要弄懂！這個建議似乎再合理不過了，因為大家都相信只有弄懂了的東西，才不容易忘記。問題是一件事要了解到什麼程度才能算是懂了呢？如果一個人可以不依賴書本就把一套學問娓娓道來，我們好像就應該可以同意他已經把這門學問弄懂了（假設他能這麼做不是因為記性特別好）。有趣的地方在於即便是這樣，他自己在主觀上卻可能還不感覺他已經懂了，例如他知道自己其實只不過是掌握了一些小細節之間的關聯，卻仍未能了解事情的精髓，所以心理上還是不太舒服。

我自己當然很熟悉那種心頭不舒暢的狀態，所以非常珍惜偶爾覺得領悟出某個關鍵的那一刻。不過我如何知道自己並沒有抓錯要領？當然是得跟書本或是其他人印證我的看法。學問越複雜，核心概念就越難把握，大家的理解也就可能多少有些差異，即使是公認的高手，有時也會互指對方根本沒有真正弄懂事情！

量子場論是個複雜的學問，MIT 物理教授威爾切克是個公認的場論高手（參見〈物理難不難?〉一文），所以當美國物理學會在 1999 年為了慶祝成立一百週年，而找人寫回顧近代物理進展的文章之時，便找上了他來撰寫量子場論的部分。威爾切克是個有歷史觀的物理學家，他知道這項任務是榮譽，也是挑戰，若是寫得不好，會砸掉自己招牌。他該怎麼做? 以下的故事是我從威爾切克 2006 年所發表的散文集《奇妙的自然》(*Fantastic Realities*) 中讀來的。

他自己的期盼是對於這個龐大而又困難的學問，能夠寫出一些「精鍊、新鮮、有意義」的東西。可是他不知該如何下手，苦惱了一陣子，不得已求助於老師崔曼 (S. Treiman, 1925–1999)。對著這個在場論上成就比他高的高徒，崔曼給了個很有禪學味道的答案：「你想一想，從量子場論所學到的東西，有什麼是你個別在量子力學以及（古典）場論中學不到的?」兩個人就此腦力激盪了一番，很快就找到了一些好點子。威爾切克覺得他尋得的答案可算是自己最棒的智性成就之一。

到底什麼是量子場論這門學問單一最重要的教誨? 威爾切克認為那就是：量子場論解釋了為何自然界中的基本粒子只有「少數幾種固定的式樣」，例如為何宇宙間一切的電子都有完全相同的性質、一切的光子也是如此等等。有意思的是威爾切克又說：「場論的教科書並沒有明白指出這是最重要的一件事,所以當我自己找到答案,還有些訝異。爾後幾年中,為了好玩,我如遇上一群理論物理學家,就會抛出這樣的問題:在只有透過量子場論才能了解的事情當中,什麼是最重要的?我問過數百個物理學家,他們想了想,還討論了一下,但沒人提出正確的答案(起碼當我還在場的時候)。只有一個人講出了答案,那就是戴森,他一聽到問題立即就回說:『那當然就是所有的電子都是一樣的!』」威爾切克後來對人說戴森是他所遇過最聰明的人。

每個物理學生會在量子力學課中學到一切電子都是所謂的「全同粒子」,也就是任何兩個電子的性質百分之百一樣,是完全不可區分的。但是量子力學無力解釋這項極重要的知識,我們只有在量子場論中,才會學到將所有電子看待成是單一個「電子量子場」的激發態;同樣的,所有的光子都是「光量子場」的激發態,所有的頂夸克都是「頂夸克量子場」的激發態等等。既然一切電子都來自於同一個量子場,它們當然就具有相同的特性。

我們如果能夠以一句話來表示一門學問的精髓,譬如像「重力就是幾何」這樣精鍊的話,起碼在心理上會覺得比較懂這門學問了。不過威爾切克的小故事點出了想一語道破一門學問絕非簡單的事。

# 既是敵人，也是朋友？

近代哲學開山祖師笛卡爾在 1633 年 11 月底寫了封信給一位好友，裡頭說：「我本來打算把我所寫的《世界》(*Le Monde*) 這本書送給你作為新年禮物，……但是我同時也想知道能不能在萊登 (Leiden) 與阿姆斯特丹買到加利略的《關於兩個主要世界系統的對話》(*Dialogue Concerning the Two Chief World Systems*) 這本書，因為我聽說這本書去年在義大利出版了。有人告訴我，它確實已經出版，不過每一本都已在羅馬燒掉了，而且加利略已被判有罪，受到懲罰。這件事實在太出乎我意料之外，幾乎要讓我把自己所有的論文燒掉，起碼不能讓別人看到這些論文。我實在無法想像加利略——一個義大利人，而且我相信他跟教皇有很好的關係——居然會被當成罪犯，只由於他試著證明、也的確證明了地球在動。……如果日心說不對，那麼我的哲學的整個基礎也就垮了，……可是我又不願發表任何教廷不認可的東西，所以我寧願將我的學說收起來，也不要讓它以支離破碎的形式發表。」

笛卡爾這封信記錄了他在得知加利略受到羅馬教廷判罪之後的當下反應：儘管教廷是不能得罪的老大，但哥白尼與加利略是對的，地球不是宇宙的中心，太陽才是，教廷錯了！笛卡爾的看法也正是後世對於加利略事件的認知；現今教科書會將教廷描述成死板教條的捍衛者，而加利略是堅持真理的英雄。事情的黑白明顯到連羅馬教廷也不得不在 1741 年為加利略平反，又在 1758 年撤銷了對於日心說的禁令，甚至到了 1992 年，教宗保祿二世還得對於當年教廷處置加利略的方式表示遺憾。

但科學與宗教間的矛盾並沒有在加利略審判事件過後消失，例如達爾文於 1859 年發表《物種原始論》，重新安置了人在自然中的地位，於是又引發新一波信仰與所謂理性之間的尖銳衝突，餘波盪漾至今。在美國，支持「創造論」的基本教義派仍有很大的勢力，他們要求生物課不能僅教導學生演化論而已，引得司法必須介入判決是非。這種科學上的爭執以及震撼人心的 911 事件讓一些自認是理性主義者的知識分子，如生物學家道金斯 (R. Dawkins, 1941- )、哲學家丹涅特 (D. Dennett, 1942- ) 紛紛出書宣揚無神論，抨擊宗教信仰全然是落伍有害的意識形態。

不過如果歷史可以重新來過，而我們果真沒有了宗教，這個世界即會比較美好嗎？例如科學就不會受到宗教的牽拖，笛卡爾與加利略便可以更快步向前邁進，是這樣嗎？可是我們不要忘記，笛卡爾、克普勒、加利略這些科學先驅都認為他們所發現的數學定律皆是上帝意旨的展現，他們並不認為科學知識會趕走上帝。笛卡爾甚至相信他可以理性地證明上帝存在！我們也不要忘記科學與宗教，尤其是一神論的天主、基督教，有個共同信念——宇宙間存在著真理。

王國維寫過一篇文章〈論哲學家與美術家之天職〉，感嘆中國「哲學美術不發達」，而「哲學與美術之所志者，真理也。真理者，天下萬世之真理，而非一時之真理也」，又「披我中國之哲學史，凡哲學家無不欲兼為政治家者，斯可異已！孔子大政治家也，墨子大政治家也，孟、荀二子皆抱政治上之大志者也……豈獨哲學家而已，詩人亦然」，因此「我國無純粹之哲學，其最完備者，唯道德哲學與政治哲學爾。至於周、秦、兩宋間之形上學，不過欲固道德哲學之根柢，其對形上學非有固有之興味也。其於形上學且然，況乎美學、名學、知識論等冷淡不急之問題哉！」

由於科學的起源正在於那些在乎真理的人物認真地探討那些「冷淡不急之問題」，因此以無宗教信仰著稱的中國文化固然或許不會出現審判加利略的「罪行」，但卻也不會出現加利略、笛卡爾、牛頓。我並不是主張有了宗教才會有科學，但是沒有了宗教，科學可能也就不會現身，中國或許就是一例。

# 不信、輕信、或無所謂

跟臺灣一樣，美國總統選舉季節也開始了。各個有志領導當世羅馬帝國的精英都在摩拳擦掌，準備迎接嚴酷的選戰。不久前，有意爭取美國共和黨總統提名的十位好漢首次聚在華盛頓市，接受記者提問，辯論伊拉克戰爭、恐怖主義、核子武器、以及誰最能對付希拉蕊・克林頓 (H. Clinton, 1947- ) 等議題。在尖銳的攻防之間，冷不防出現了「有沒有誰不相信演化論?」這樣一個問題，有三位先生舉了手，一位是現任參議員、一位是前州長、第三位是現任眾議員；另外有一位參議員特地強調他雖然相信演化論但是也相信有個上帝。

對於生物學家來說，不相信達爾文演化論幾乎是和不相信原子論一樣荒謬。難道這些美國政壇精英的科學素養真如表面上看來那麼差勁嗎? 或許是為了昭示他其實不是那麼無知，舉手表示不相信演化論的堪薩斯州參議員布朗貝克 (S. Brownback, 1956- ) 在 2007 年 5 月 31 日於《紐約時報》的民意論壇版發表了一篇短文，進一步澄清他對於演化論的立場。

布朗貝克在這篇文章一開始就說他不相信理性和信仰可以分開看待，他認為「兩者沒有任何衝突」，而且應該是「攜手並進」。他也不反對「在單一物種之內，小的變化可以發生」，但是他強調「演化論並非單一的，例如『疾變平衡』(punctuated equilibrium) 的支持者就持續和相信古典達爾文學說的人爭論不休」，意味著演化論還不是定論。不少生物學家讀了這封信馬上跳出來抗議，他們說布朗貝克對於演化論的說法貌似客觀，其實完全錯誤：「疾變平衡」的說法並沒有牴觸達爾文學說，儘管某些演化細節還沒完全弄清楚，但是演化論的主要論點全然沒有可懷疑之處。

不過布朗貝克最令人皺眉頭的地方在於他底下這段話：「儘管人們應該不遺餘力去探討人類起源的本質，但是我們可以很有把握的說，我們起碼已經確知部分的結果：人類的出現不是巧合，而是呈現被創造出來的宇宙的特殊一面。演化論之中如果有些部分和這件真理相容，那麼我們就接納它為人類知識的一部分；但是演化論中那些會傷害這件真理的部分，我們便必須堅定的排除它，因為它只是偽裝成科學的無神論而已。」這段話講得很清楚，一旦布朗貝克自己的信仰和科學有所衝突，他會毫不猶豫的拋棄科學所揭櫫的真相。

對於多數沒有鮮明宗教信仰的臺灣人來說，布朗貝克以及和他有相同信仰的選民真是迷信到頭腦壞掉了：已經寫入教科書的學說怎麼還會有人——而且是位高權重的人——不相信？實在不識時務！我相信如果有人做調查，臺灣人相信演化論的比例，平均而言，必遠高於「受困」於宗教信仰的美國人。

然而臺灣人不也是迷信得很厲害嗎？關於這一點，文豪魯迅早在 1934 年就寫過一篇文章〈運命〉（見《且介亭雜文》），一針見血地提出了答案。魯迅說：

> 中國人自然有迷信，也有「信」，但好像很少「堅信」。我們先前最尊皇帝，但一面想玩弄他，也尊后妃，但一面又有些想吊她的膀子；畏神明，而又燒紙錢作賄賂，佩服豪傑，卻不肯為他作犧牲。崇孔的名儒，一面拜佛，信甲的戰士，明天信丁。宗教戰爭向來是沒有的，從北魏到唐末的佛道二教的此仆彼起，就只靠幾個人在皇帝耳朵邊的甜言蜜語。風水、符咒、拜禱……偌大的「運命」，只要化一批錢或磕幾個頭，就改換得和注定的一筆大不相同了——就是不注定。

這麼滑溜、並不「堅信」的習性，我以為 70 年前的中國人是這樣，21 世紀的臺灣人也還是這樣。所以，我們不會遇上「信仰與科學發生衝突」的困擾。就某個角度而言，我們很能「與時俱進」，比美國人有「科學精神」

多了！但是就科學這回事來說，沒有深刻的信念也會伴隨著另一種後遺症：既然我們並不堅信，當然就不會有熱情，沒有熱情就不會「肯作犧牲」，也就不會發生科學革命之類的事了。

# 理查・羅逖與「不影響考生作答」

名哲學家理查・羅逖 (Richard Rorty, 1931-2007) 於數月前過世了，享年 75 歲。《紐約時報》的訃聞說羅逖「在哲學、政治、文學理論等領域上的創見，使他成為世界上最具影響力的當代思想家之一」，其他哲學家也用「最能以新觀點、新眼光、新理論來挑戰其同僚」、「勇敢、挑釁、令人興奮、富想像力、但又讓人極傷腦筋」之類的讚詞來追悼他。

我見過這位名人一回，那是在十多年前。那時羅逖訪問臺灣，到臺大哲學系演講，我恰好路過講廳，好奇地進去旁聽了一會。我一入門，即看到有趣的景象：白髮的羅逖穿西裝戴眼鏡坐在講廳前方的桌子後頭，手拿講稿，一字一句面向聽眾細聲誦讀；聽眾大半是看起來還有些青澀的學生，他們坐在講廳中間一排排的桌子旁，人人低頭用心做筆記，沒能正眼瞧羅逖。嘿，這樣好像不是領略哲學大師風範最好的方式吧！

我自己其實是在後來所謂的「科學戰爭」這場學術界風暴中，才開始認識羅逖「讓人極傷腦筋」的立場與文采。羅逖的哲學對手丹涅特在悼文中講述了兩人間的一段對話，非常傳神的點出了羅逖為何會在哲學家中獨樹一幟：

> 我（丹涅特）說我非常在意科學家是否尊敬我，我認為將哲學議題以科學家能夠理解與欣賞的方式解釋給他們聽是很重要的事，羅逖答說他一點也不在乎科學家如何看待他的工作，他渴求的是詩人的注目與敬意。

羅逖雖出身正統分析哲學，也曾在頂尖的普林斯頓大學哲學系任教二十年，不過後來卻認定學院式哲學脫離人世太遠，與他的理想不符，遂轉任維吉尼亞大學人文學教授，最後又轉至史坦福大學比較文學系。就哲學立場而論，羅逖所信仰的是實用主義、所仰慕的英雄是美國哲學家杜威 (John Dewey, 1859-1952)。實用主義者不承認有放諸四海皆準的原則可以幫我們判定何謂「真理」、何謂「善」，因此他們不會浪費時間去關心真理、善、或神的本質究竟為何的問題。對於羅逖來說，像 “$E=mc^2$”、“2+2=4” 之類的敘述都是真的，也是有用的，但是我們不必去追究這類陳述是不是對應到某個「實在」的某種固有性質。簡單的講，羅逖厭惡形上學。

自柏拉圖以來，西方哲學家所關注的問題就是真實與表象之間、發明與發現之間、相對與絕對之間、科學與非科學之間有何分野；羅逖受杜威的影響，不相信這些探索有什麼意義。如此的立場當然令主流哲學家「極傷腦筋」，也讓羅逖捲入了科學戰爭，與物理學家萬伯格辯論起來。羅逖的確認為我們的信念是「依狀況而定的」，沒有必然的對或錯可言，不過他拒絕因此而被戴上「相對主義者」的帽子。

羅逖在美國提倡實用主義，之所以會引起爭議，原因在於「普適真理」與「理性」等概念在西方社會有深厚的傳統。可是如果有人在臺灣宣揚羅逖的理念，大約不會遇上任何阻力，因為我們實在很熟悉「信念是依狀況而定的」這樣的看法。我最近看到一件精采的例子，清楚地呈現了實用主義在臺灣的主宰地位，值得在此一提：

2007 年第一次國民中學學生基本學力測驗自然科第 28 題是：「蓉蓉發明一艘可以光速行進的太空船。已知有四顆星球與地球的距離分別為：超人星 25 光年，凱蒂星 1.7 光年，寶貝星 2.2 天文單位，小咪星 1.3 天文單位。若蓉蓉欲搭光速太空船從地球出發前往上述星球，則 1 小時之內可到達的星球有哪些？(光年：光走一年的距離；天文單位：地球到太陽的距離，約為光走 500 秒的距離)」

負責試務的單位所公布的答案是寶貝星與小咪星（大家稍微想一下，就可了解為何如此）。可惜這個答案是錯的！因為如果蓉蓉真的能夠以光速前進，依據狹義相對論，四顆星球皆可以在一瞬間（以蓉蓉太空船內的鐘為準）抵達。顯然出題先生忽略了愛因斯坦的理論。有人將此事告知該單位，沒想到他們回答說本題雖有「不周延之處，但不影響考生作答」，所以無須變更答案，亦即考試單位假設國中生不懂相對論！換句話說，如果「不周延之處」會影響考生作答，答案就會改，因此本題的答案得看答題者是誰而定，完全符合實用主義的精神。

# 寇曼教授

又見大師殞落，哈佛大學物理教授希尼・寇曼在久病之後於 2007 年 11 月 18 日過世了，享年 70。他是 20 世紀下半葉最為人敬重的量子場論老師，好幾代的理論物理學生都是藉由他精彩的講義與論文才能進入壯麗的場論殿堂。量子場論是困難的學問，裡頭有種種微妙的概念，真能參透玄奧遊刃有餘的高手舉世不多，寇曼就是其中之一。他的同事、自己也是場論專家的萬伯格這麼說他：

> 寇曼是理論學家中的理論學家，他在意的不是如何解釋最新的實驗數據，而是要深刻了解理論的真正意義。我從寇曼那裡所學到的物理比從其他人所學到的還要多。

量子場論的歷史就是粒子理論物理的歷史，其中有高潮，也有低潮。1960 年代是量子場論的黯淡期，因為大家相信儘管它已很成功地處理了電磁交互作用，卻無法拿來對付強交互作用。但到了 1970 年代，由於規範對稱、自發對稱破壞與重整化群等概念成熟了，人們得以發展出高明的理論工具，順利建構起精準的弱作用與強作用理論。這是量子場論的黃金時期，也是寇曼意氣風發之際。他那時每年夏天會到義大利西西里島的艾瑞奇(Erice)，參加在那裡舉辦的粒子物理夏季學校，對學員演講最新的理論進展。寇曼的解說既生動又鞭辟入裡，他的講義每一公布，立刻傳遍全世界。我還記得三十年前在台灣，就已能從學長那裡拿到寇曼的講義影本。後來寇曼將這些講義結集成書，名為《對稱面面觀》(*Aspects of Symmetry*)，是我上場論課時必向學生推薦的好書之一。

有人形容寇曼「長的像愛因斯坦，說話像伍迪艾倫(Woody Allen,1935–)」，也就是說他除了一臉聰明相之外，還非常機智風趣。他對任何人都非常親切，很受學生愛戴。物理學家之間流傳著寇曼的許多軼事，我舉兩例：一、寇曼是夜貓子，常常在中午過後才出現在辦公室，有次學校要排他教上午 9 點的課，他回說：「抱歉，我沒有辦法那麼晚還不睡。」二、有回萬伯格

寇曼 (©wikipedia)

在例行午餐討論會上演講，寇曼到達時演講已結束，他只聽到萬伯格在回答別人提問時說：「抱歉，我沒想過這問題，我不知道答案」，寇曼一聽馬上就邊走邊先說：「我知道答案」，然後走到椅子坐下來問：「問題是什麼?」，接著不慌不忙地給了正確的答案。

寇曼沒有拿過諾貝爾獎，但是卻教出了諾貝爾獎得主：他的學生波力策在和他學習了規範場論與重整化群之後，決定算出楊振寧—密爾斯規範場論的交互作用強度如何隨著粒子間距離而變。波力策發現如果距離減小，交互作用強度竟然不升反降，這項出人意料之外的性質被稱為「漸近自由」。除了波力策，普林斯頓大學教授葛羅斯與其學生威爾切克也同時發現了這個結果。由於漸近自由可以解釋夸克的行為，波力策等三人即為此共獲2004年諾貝爾物理獎。漸近自由發現之時寇曼正休假在普林斯頓訪問，所以寇曼是三人工作的見證者，並也在旁無私地提供了協助。威爾切克在他的諾貝爾獎演講稿中說：「寇曼這麼聰明的人對於我們的計算表示興趣，實在是極大的鼓舞。」

我還是研究生時，寒、暑假偶而會在學校見到寇曼，聽說他是因為母親住在柏克萊，所以常來加州柏克萊大學訪問。我當時對於3維（2維空間1維時間）規範場理論中所謂的「拓撲質量」極感興趣：這種質量項一方面具有拓樸性質，一方面可以由量子效應產生出來，是頗有意思的東西。我從其拓撲性質推測此種質量項不可能有高階量子修正，並也做了低階（但已相當複雜）的計算去檢驗，結果跟預期相符。可是我無法證明這項推測就一般情形也成立。半年後我得知寇曼與他的學生希爾 (B. Hill) 證明出了我們部分的猜測。我當時雖然懊惱問題被他人解決了，但卻也懷有威爾切克諾貝爾獎演講稿所提到的那種心情：為人敬佩的寇曼會對於我們的計算表示興趣，實在是高興。

最近有人將寇曼關於量子力學的演講（題目是 "Quantum Mechanics in Your Face"）錄影放上 Google Video 供大家欣賞，好奇寇曼風采的人不要錯過。

# 文章出處

|  |  |
|---|---|
| 哥白尼革命 | 中央日報副刊 2004/06/16, 23 |
| 鄧恩與克普勒 | 中央日報副刊 2004/07/14 |
| 師徒接力 | 中央日報副刊 2004/08/04, 11 |
| 格羅森迪克 | 中央日報副刊 2004/09/08 |
| 一心一意 | 中央日報副刊 2004/01/14 |
| 歐本海默 | 中央日報副刊 2004/02/11 |
| 少年愛因斯坦 | 中央日報副刊 2005/03/30 |
| 青年愛因斯坦 | 科學人特刊 2005/05 |
| 遠見，還是反動? | 科學人 2004/10 |
| 與眾不同之處 | 科學人 2006/12 |
| 武士與旅人 | 科學人 2007/09 |
| 反對方法 | 中央日報副刊 2003/11/05 |
| 器物與思想 | 中央日報副刊 2003/11/26 |
| 前輩之言 | 中央日報副刊 2003/12/31 |
| 物理之後 | 中央日報副刊 2004/04/14 |
| 熱情與理智 | 中央日報副刊 2004/09/22 |
| 人本原理 | 中央日報副刊 2004/11/13 |
| 天馬行空 | 中央日報副刊 2005/08/17, 24 |
| 費米的自知之明 | 中央日報副刊 2004/03/03 |
| 又見費曼 | 中央日報副刊 2004/05/26 |
| 刺蝟與狐狸 | 中央日報副刊 2005/11/23 |
| 問題在哪裡? | 誠品好讀 2001/10 |

姍姍來遲的獎　中央日報副刊 2003/10/15
隱密的對稱　物理雙月刊 2004/12
物理難不難?　科學人 2006/03
水火不容　科學人 2006/04
用想的就夠了嗎?　科學人 2006/06
不自然的科學　科學人 2006/08
如何研究特異功能　科學人 2006/09
既非物理也非數學　科學人 2006/10
神與死亡　科學人 2006/11
大霹靂　科學人 2007/02
原子會發光　科學人 2007/03
一語中的　科學人 2007/04
既是敵人，也是朋友?　科學人 2007/06
不信、輕信、或無所謂　科學人 2007/07
理查・羅逖與「不影響考生作答」　科學人 2007/08
寇曼教授　科學人 2007/12

# 人名索引

## 一、中文人名



## 二、外文人名

【世紀文庫／科普 001】

## 生活無處不科學　　潘震澤 著

科學應該是受過教育者的一般素養，而不是某些人專屬的學問；在日常生活中，科學可以是「無所不在，處處都在」的！且看作者如何以其所學，介紹並解釋一般人耳熟能詳的呼吸、進食、生物時鐘、體重控制、糖尿病……等名詞，以及科學家的愛恨情仇，你會發現——生活無處不科學！

【世紀文庫／科普 002】

## 別讓地球再挨撞　　李傑信 著

這是一本上至天文，下至人文的書。包括航太科技發展、科技實驗研究的管理制度和最尖端的科學探索，作者以在美國航太總署 (NASA) 總部管理科技研究的經驗，分享他長期深入其境的專業實踐和體會，使得書中所談論的天文知識或尖端科技都保留了人的體溫，更讓你一窺浩瀚宇宙中的瑰麗與神奇。

【三民叢刊 275】

## 科學讀書人　　潘震澤 著

●民國 93 年金鼎獎入圍，科學月刊、科學人雜誌書評推薦，中國時報開卷專題報導

「科學」如何貼近日常生活？這是身為生理學家的作者所在意的！透過他淺顯的行文，我們瞭解了愛、作夢、壓力，甚至宿便……等生理現象或行為表現，得以一窺人體生命的奧祕，且知道幾位科學家之間的心結，以及一些藥物或疫苗的發明經過。

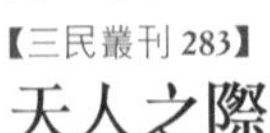

【三民叢刊 283】

## 天人之際　　王道還 著

●科學人、聯合報讀書人書評推薦，中國時報開卷專題報導

智人的始祖，大約 600 萬年前演化出來；與我們長相一模一樣的人，4 萬年前出現；文明在 5,000 年前發軔；許多人文價值，在過去 100 年內才變成普世。本書各篇以不同的角度討論人文世界的起源、發展與展望。作者是生物人類學者，在他筆下，人類的自然史成為思索人文意義的重要線索。

【文學 012】

## 客路相逢　　黃光男 著

里爾克 (Rainer Maria Rilke):「旅行只有一種，即是走入你自己的內在之旅。」本書作者具有畫家和作家兩種身分，他以畫家的心靈寫出他的旅遊見聞和感懷，因此，書裡所呈現的彷彿是一幅幅以沾著詩意的文字所繪成的畫作；是視覺和心靈的遊記。你渴望不一樣的旅行嗎？翻開本書，開始踏上旅程吧。

【文學 014】

## 京都一年　　林文月 著

「三十年歷久彌新，京都書寫的經典。」本書收錄了作者 1970 年遊學日本京都十月間所創作的散文作品，自出版即成為國人深入認識京都不可錯過的選擇，迄今仍傳唱不歇。今新版經作者校訂，並增加多幅新照。書中各篇雖早已寫就，於今讀來，那些異國情調所帶來的感動，愈見深沉。

【生活 001】

## 老饕漫筆　　趙珩 著

本書作者自謂是饞人，故自稱為「老饕」。因其特殊的生活環境，所見所聞較同時代的人稍多。他於閒暇中，追憶過往五十年歲月中和飲食有關的點滴，或人物，或時地，或掌故，信手拈來，所傳遞的，不僅是一道道佳餚的美好滋味，更多的是對漸漸消逝的文化之戀戀情懷。

【生活 003】

## 不丹 樂國樂國　　梁丹丰 文‧圖

本書作者一直盼望能到不丹旅行，在畫旅八十餘國後，她終於踏上這片嚮往已久的樂土。對於不丹人物風情、山川景致，作者以其一貫的細膩筆調做了詳實敏銳的觀察與深刻感性的描述。同時，更以彩筆勾勒出一幅幅動人的人間樂土，與讀者分享她在不丹的旅程中盈滿的藝術情感和內心悸動！

國家圖書館出版品預行編目資料

武士與旅人：續科學筆記／高涌泉著.－－初版一刷.
－－臺北市：三民，2008
面；　公分.－－(世紀文庫:科普004)

ISBN 978-957-14-4912-8　(平裝)

1. 科學 2. 筆記

307　　97001025

© 武士與旅人
——續科學筆記

| | |
|---|---|
| 著作人 | 高涌泉 |
| 總策劃 | 林黛嫚 |
| 責任編輯 | 洪冠至 |
| 美術設計 | 林韻怡 |
| 校對 | 楊玉玲 |
| 發行人 | 劉振強 |
| 發行所 | 三民書局股份有限公司<br>地址　臺北市復興北路386號<br>電話　(02)25006600<br>郵撥帳號　0009998-5 |
| 門市部 | （復北店）臺北市復興北路386號<br>（重南店）臺北市重慶南路一段61號 |
| 出版日期 | 初版一刷　2008年2月 |
| 編號 | S 300150 |
| 定價 | 新臺幣180元 |

行政院新聞局登記證局版臺業字第〇二〇〇號



ISBN　978-957-14-4912-8　（平裝）

http://www.sanmin.com.tw　三民網路書店